中华砚文化汇典

中华炎黄文化研究会砚文化工作委员会 主编

砚 谱 卷

新编
沈氏砚林砚谱

人民美术出版社
北京

《中华砚文化汇典》编务委员会

《中华砚文化汇典》
编撰说明

　　一、《中华砚文化汇典》(以下简称《汇典》)是由中华炎黄文化研究会主导、中华炎黄文化研究会砚文化委员会主编的重点文化工程,启动于 2012 年 7 月,由时任中华炎黄文化研究会副会长、砚文化联合会会长的刘红军倡议发起并组织实施。指导思想是:贯彻落实党中央关于弘扬中华优秀传统文化一系列指示精神,系统挖掘和整理我国丰富的砚文化资源,对中华砚文化中具有代表性和经典的内容进行梳理归纳,力求全面系统、完整齐备,尽力打造一部有史以来内容最为丰富、涵括最为全面、卷帙最为浩瀚的中华砚文化大百科全书,以填补中华优秀传统文化的空白,为实现中华民族伟大复兴的中国梦做出应有贡献。

　　二、全书共分八卷,每卷设基本书目若干册,分别为:《砚史卷》,基本内容为历史脉络、时代风格、资源演变、代表著作、代表人物、代表砚台等;《藏砚卷》,基本内容为博物馆藏砚、民间藏砚;《文献卷》,基本内容为文献介绍、文献原文、生僻字注音、校注点评等;《砚谱卷》,基本内容为砚谱介绍、砚谱作者介绍、砚谱文字介绍、砚上文字解释等;《砚种卷》,基本内容为产地历史沿革、材料特性、地质构造、资源分布、资源演变等;《工艺卷》,基本内容为工艺原则、工艺标准、工艺传统、工艺演变、工具及砚盒制作等;《铭文卷》,基本内容为铭文作者介绍、铭文、铭文注释等;《传记卷》,基本内容为人物生平、人物砚事、人物评价等。

　　三、此书编审委员会成员由著名学者、专家组成。名誉主任许嘉璐是第九、十届全国人民代表大会常务委员会副委员长,中华炎黄文化研究会会长,并为此书作总序。九名编审委员都是在我国政治、历史、文化、专业方面有重要成果的专家或知名学者。

　　四、此书编撰委员会设主任委员、副主任委员、学术顾问和委员若干人,每卷设编撰负责人和作者。所有作者都是经过严格认真筛选、反复研究论证确定的。他们都是我国砚文化领域的行家，还有的是亚太地区手工艺大师、中国工艺美术大师等，他们长年坚守在弘扬中华砚文化的第一线，有着丰富的实践经验和大量的研究成果。

五、此书编务委员会成员主要由砚文化委员会的常务委员、工作人员等组成。他们在书籍的撰写和出版过程中，做了大量的组织协调和具体落实工作。

六、在《汇典》的编撰过程中，主要坚持三个原则：一是全面系统真实的原则。要求编撰人员站在整个中华砚文化全局的高度思考问题，不为某个地域或某些个人争得失，最大限度搜集整理砚文化历史资料，广泛征求砚界专家学者意见，力求全面、系统、真实。二是既尊重历史，又尊重现实的原则。砚台基本是按砚材产地来命名的，然后再论及坑口、质地、色泽和石品。由于我国行政区域的不断划分，有些砚种究竟属于哪个地方，出现了一些争议，但编撰中我们始终坚持客观反映历史和现实，防止以偏概全。三是求同存异的原则。对已有充分论据、大多人认可的就明确下来；对有不同看法又一时难以搞清的，就把两种观点摆出来，留给读者和后人参考借鉴，修改完善。依据上述三条原则，尽力考察核实，客观反映历史和现实。

参与《汇典》编撰的砚界专家、学者和工作人员近百人，几年来，大家查阅收集了大量资料，进行了深入调查研究，广泛征求了意见建议，尽心尽责编撰成稿。但由于中华砚文化历史跨度大，涉及范围广，可参考资料少，加之编撰人员能力水平有限，书中难免有粗疏错漏等不尽如人意的地方，希望广大读者理解包容并批评指正。

《中华砚文化汇典》
总　序

　　砚，作为中华民族独创的"文房四宝"之一，源于原始社会的研磨器，在秦汉时期正式与笔墨结合，于唐宋时期产生了四大名砚，又在明清时期逐步由实用品转化为艺术品，达到了发展的巅峰。

　　砚，集文学、书法、绘画、雕刻于一身，浓缩了中华民族各朝代政治、经济、文化、科技乃至地域风情、民风习俗、审美情趣等信息，蕴含着民族的智慧，具有历史价值、艺术价值、使用价值、欣赏价值、研究价值和收藏价值，是华夏文化艺术殿堂中一朵绚丽夺目的奇葩。

　　自古以来，用砚、爱砚、藏砚、说砚者多，而综合历史、社会、文化及地质等门类的知识并对其加以研究的人却不多。怀着对中国传统文化传承与发展的责任感和使命感，中华炎黄文化研究会砚文化委员会整合我国砚界人才，深入挖掘，系统整理，认真审核，组织编撰了八卷五十余册洋洋大观的《中华砚文化汇典》。

　　《中华砚文化汇典》不啻为我国首部砚文化"百科全书"，既对砚文化璀璨的历史进行了梳理和总结，又对当代砚文化的现状和研究成果作了较充分的记录与展示，既具有较高的学术性，又具有向大众普及的功能。希望它能激发和推动今后砚学的研究走向热络和深入，从而激发砚及其文化的创新发展。

　　砚，作为传统文化的物质载体之一，既雅且俗，可赏可用，散布于南北，通用于东西。《中华砚文化汇典》的出版或可促使砚及其文化成为沟通世界华人和异国爱好者的又一桥梁和渠道。

许嘉璐

2018 年 5 月 29 日

《砚谱卷》
总　序

　　谱，字典的解释是：按照对象的类别或系统，采取表格或其他比较整齐的形式，编辑起来供参考的书，如年谱、食谱。可以用来指导练习的格式或图形，如画谱、棋谱。大致的标准等。依据字典的释义和现在传承的谱书，归纳起来笔者认为：谱书是对某一事物规律的遵循和原貌的写真，是记述一个实物的真实，能够让人窥其原貌，是把一些相对散开的实物写真单页集纳成册，这些集成册便可谓之"谱"，如曲谱、画谱、脸谱、食谱、棋谱、衣谱等。后来随着社会的发展，事物的分类越来越多，更多的谱书也应运而生，内容越来越丰富，成谱的手法也愈发多样。在众多的谱系书中，砚谱是应运而生其中的一种。根据历史记载，砚谱的谱材最初来自于对砚台实物的记述，后来发展为写真素描，再后来就是拓片的集成，文人和匠人们把这些散落在民间的砚台记述、素描、写真和拓片收集成册，然后配上文字便成了砚谱，据能查到的资料显示，最早出现的砚谱是宋代洪景伯的《歙砚谱》，记录了砚样 39 种。宋代《歙州砚谱》记录砚样 40 种，宋代《端溪砚史汇参》记载砚样 59 种，宋代《砚笺》记录砚样 24 种。明代高濂《遵生八笺》收集冠名了 49 种砚式，并绘制了天成七星砚、玉兔朝元砚、古瓦鸾砚等 21 种图样。清代朱二坨《砚小史》描绘了 15 种图样，并根据藏家收藏的砚台，写真绘出了 13 方古砚图。清代吴兰修的《端溪砚史》介绍了 24 种图样，即凤池、玉堂、玉台、蓬莱、辟雍、院样、房相样、郎官样、天砚、风字、人面、圭、璧、斧、鼎、甃、筼、瓢、曲水、八棱、四直、莲叶、蟾、马蹄。清代谢慎修的《谢氏砚考》介绍了 41 种图样，即辟雍砚、玉堂砚、月池砚、支履砚、方池砚、双履砚、风字砚、凤池砚、瓢砚、玉台砚、太史砚、内相砚、都堂砚、水池砚、舍人砚、石渠瓦砚、山砚、端明砚、葫芦砚、圆池砚、斧砚、琴砚、兴和瓦砚、玉兔朝元砚、犀纹砚、斗宿砚、飞梁砚、唐坑砚、合辟砚、宝晋斋砚山、断碑砚、结绳砚、卫瓦当首砚、四直砚、文辟砚、端方砚、共砚、阴砚、鉴砚、璞古歙砚、古瓦砚。清代唐秉钧的《文房肆考图说》绘出砚图 49 幅，即大圆福寿、天保九如、保合太和、凤舞蛟腾、海屋添筹、五岳朝天、龙马负图、太平有象、景星庆云、寿山福海、海天旭日、先生瓜瓞、龙吟虎啸、九重春色、汉朝卤瓶、福自天来、花中君子、龙飞凤舞、三阳开泰、化平天下、德辉双凤、松寿万年、帝躬、文章刚断、东井砚、结绳砚式、丹凤朝阳、林塘锦箫、龙门双化、鸠献蟠桃、身到凤池、三星拱照、北宋钟砚、攀龙集凤、羲爱金鹅、锦囊封事、开宝晨钟、端方正直、图书程瑞、濯渊进德、五福捧寿、青鸾献寿、寿同日月、砚池泉布、太极仪象、铜雀瓦砚、连篇月露、犀牛望月、回文贯德、井田砚等。

这些用文字或素面描绘的砚谱，虽不完整和不成体系，但大致把砚台的模样描绘了出来。后来人们感觉到这样描述还不足以让后人了解每一方砚台的真实面貌，会给后人甄别砚台带来很多不确定性，为了弥补这一不足，让后人更好地识别古砚的真伪，更清晰地了解一方砚的真实面貌和铭文，当时的制作者便仿照其他古器物的做法，为砚台做拓片，并把拓片集书出版，以便于后世有据可查，世代传承。到了清代和民国，一些砚台收藏家对砚谱的制作出版介绍更加重视，为了更能表现铭文和画意的神韵，他们往往花重金聘高手做砚台拓片，还重金聘请一些社会名流和金石学专家作序，以提高谱书的价值和知名度。据史料记载，清代和民国是砚台拓片出现最多的时期，也是高质量谱书出版最多的时期。当时一些藏家和传拓高手联合出书，一些高质量的砚谱逐渐面世，成就了清代到民国时期优质砚谱成书的黄金时期。可以说清代到民国，是砚谱书籍面世的高峰期，正是这些砚谱的面世，让人们更准确地知道了古代的砚式、大小以及砚的名称及铭文。在这些质量较高、系统较全、内容专一的砚谱中成就较高的有：《西清砚谱》《高凤翰砚史》《阅微草堂砚谱》《广仓砚录》《梦坡室藏砚》《归云楼砚谱》《沈氏砚林》《飞鸿堂砚谱》等。清末民初时，印刷技术并不发达，且印费昂贵，致使一些高质量的砚谱印刷不多，流传不广，加之时间久远，损毁严重，目前在市面流传的已经很少。有些著作已成为国家珍本，被妥善保管，当代人阅读极为不便。为了让广大读者能够方便地阅读以上砚谱，续接砚台传统文化，在这次《中华砚文化汇典》编撰中，编委会专门将《砚谱卷》列为一个分典出版。为了把这项工作做好，我们执行主编《砚谱卷》的小组收集参考了自清代以来的各种砚谱版本进行汇编。

《西清砚谱》是清代第一部官修砚谱。在清乾隆戊戌年（1778），乾隆皇帝命学士于敏中（1714—1780）及梁国治、董浩、王杰、钱汝诚、曹文埴、金士松、陈孝泳等八人负责纂修，并有门应兆等人负责绘图。《西清砚谱》共计24卷（包括附录卷），收录乾隆皇帝鉴藏的砚品240件，分别以材质和时代先后为序，编为陶之属、石之属、又附录卷。录砚时代上自汉瓦砚、下迄乾隆本朝砚，均有著录。《西清砚谱》可谓自宋代米芾《砚史》、苏易简《文房四谱》、李之彦《砚谱》之后，又一部图文并茂的砚谱集大成者。

《西清砚谱》虽为我们呈现出乾隆朝内府所藏砚品的基本面貌，但受到当时历史条件所限，有些砚的年代尚存疑问，如将前朝遗砚认定为宋代砚，并以古砚相称，这对于后人了解宋代以前的汉、唐砚式均造成一定的影响，甚至有些仿古砚系仿自宋代苏轼砚谱或明代高濂砚谱，如仿古澄泥砚、仿宋代苏轼砚等，均有赝鼎，其中大部分是仿有所本。还有些砚经过了改制，均镌刻乾隆皇帝御题砚铭，或品评鉴赏，或以砚纪事，以昭示后人。虽然它们已失去本来的面貌，但仍不失为今人了解乾隆时期宫廷藏砚的重要资料，对砚史研究具有重要的历史价值。至今，《西清砚谱》著录的砚仍有大部分传世，分别珍藏于故宫博物院、中国国家博物馆、首都博物馆、台北故宫博物院等处，也有流散于海内外及民间者。《西清砚谱》总纂官为纪昀、陆锡熊、孙士毅，总校官为陆费墀。

《阅微草堂砚谱》，于1917年出版，收录纪昀藏砚126方。书前有张桂岩所绘的纪昀半身像，有翁方纲、伊秉绶的题记，有徐世昌作的序。该书所收砚台，制作精良，铭文丰实，书体精美。该谱砚铭内容亦诗亦文，从中可观古时文人品论各地砚石之妙，亦可赏书法之韵，领略其文辞意趣。纪昀虽在鉴别砚材及年代上有所误差，然《阅微草堂砚谱》在砚史上仍有较高的历史、学术价值。

《高凤翰砚史》是由清代中叶王相主持，王子若、吴熙载摹刻。《高凤翰砚史》以录砚多且附砚拓而有别于前人，此砚史对于深入探讨高凤翰这位艺术巨匠的生平、学术思想及其艺术造诣，有着极其重要的学术价值。《高凤翰砚史》收录砚台165方，皆制有铭词。书中砚台多系高凤翰自行刻制，是诗、书、画、印俱精妙的综合艺术品，更为可贵的是高凤翰将砚台拓下，剪贴于册幅之中，在册幅空白处又予题识，他借藏砚、制砚、铭砚、刻砚、题识来抒发自己的思想感情，是一部图文并茂的砚史巨著。

《沈氏砚林》在历代砚谱中有着极为重要的地位，不仅因为书中有历代名砚，更因为其中有吴昌硕题铭而受到藏家珍重，社会青睐。该谱是在沈如瑾殁后六年，由其子沈若怀将父亲藏砚编拓而成，该谱共收沈石友藏砚158方。《沈氏砚林》成书后，备受欢迎，社会上有"官方应以乾隆时纂修的《西清砚谱》为冠，民间则要推沈石友藏、吴昌硕题铭的《沈氏砚林》为首"的美誉。

《广仓砚录》是民国邹安遴选历代官私砚编成，除有铭文、图刻、器形之外，还有旁批等，印制清晰，为民国时期的古名砚收藏专著，其中南唐官砚被列于群砚之首。后附有臂搁、茗壶、笔筒等拓本。

《梦坡室藏砚》是民国年间周庆云梦坡室所藏砚的拓片集录，收录周庆云所藏历代名砚72方，由名手张良弼所拓，前有褚德彝作序。该谱正如序中所云："小窗耽玩，目骇心怡，遂觉宝晋尺岫，吐纳几前；懒赞片云，奔腾纸上，淘可作璧友之奇观。此本拓制不多，颇为稀见。"

《飞鸿堂砚谱墨谱》，共3卷、收录砚台70余方，由清代汪启淑编辑。汪启淑字慎议，号秀峰，又号讱庵，自号印癖先生。安徽歙县人，久居杭州，官兵部郎中。嗜古有奇癖，好藏书，家有"开万楼"，藏书数千种。又有"飞鸿堂"，集蓄秦、汉迄宋、元及明、清印章数万方。工诗，擅六书，爱考据，能篆刻，生平好交治印名手。编著甚多，辑谱之数堪称前无古人。

《归云楼砚谱》是清末民国时期徐世昌所藏砚台拓本的谱集，由徐世昌编辑。共收徐世昌藏砚120余方，其质地有端石、歙石、澄泥等，材质丰富，形式多样，其学术性、艺术性享誉砚林，是砚谱中的经典之作。

徐世昌在平时的藏砚赏砚的过程中，往往有感而发，并随时将其对砚的评价和感悟铭于砚上，撰写铭刻了很多有价值的砚铭，对后代研究砚台、收藏砚台和研究徐世昌后半生的心路历程提供了很好的史料价值。

徐世昌（1855—1939），字卜五，号菊人，又号弢斋、东海、涛斋，晚号水竹村人、石门山人、东海居士。直隶（今河北）天津人，出生于河南省卫辉府（今卫辉市）府城曹营街寓所。徐世昌早年中举人，后中进士。自袁世凯小站练兵时就为袁世凯的谋士，并为盟友，互为同道，光绪三十一年（1905）曾任军机大臣，徐世昌颇得袁世凯的器重。1916年3月，袁世凯起用他为国务卿。1918年10月，徐世昌被国会选为民国大总统。1922年6月，徐世昌通电辞职，退隐天津租界以书画自娱。

1939年6月5日，徐世昌病故，享年85岁，有《石门山临图帖》等作品集存世。徐世昌一生编书、刻书30余种，如《清儒学案》《退耕堂集》《水竹村人集》等，被后人称为"文治总统"。

从以上介绍可以看出，上述砚谱是古砚传承中的重要图谱，是砚台发展传承中的重要见证，也是甄别古砚重要的科学依据，在中国砚史发展中具有举足轻重的地位和作用。编委会在讨论《中华砚文化汇典》大纲时，一致认为应尽量把这些砚谱纳入《中华砚文化汇典》之中，作为《砚谱卷》集印成册，这既能丰富汇典内容，又能让这些宝贵的珍本传承下去，让研究砚学的人和砚台收藏家从中了解古砚，认识古砚，并从古砚铭中得到滋养，让从事制砚和制拓的艺人从中领略古砚和制拓的艺术神韵，将传统文化和制作技艺传承下去、发扬开来，让后人从中认识到砚文化的博大精深，把中华这一传统文化瑰宝继承好、传承好。

这就是我们这次重新编辑这些古代《砚谱》的目的和宗旨，是为序。

《砚谱卷》负责人　火来胜

2020 年 9 月

图版目录

品研图 ················· 001

沈石友小像 ················· 002

孙雄师郑氏序 ················· 003

吴昌硕序 ················· 007

石友自题序 ················· 009

石友小像砚 ················· 015

石友小像砚（背） ················· 016

品砚图砚 ················· 017

品砚图砚（背、侧） ················· 018

鸣坚白斋填词砚 ················· 019

鸣坚白斋填词砚（背、侧） ················· 020

公周临抚金石文字砚 ················· 021

公周临抚金石文字砚（背、侧） ················· 022

磨人砚 ················· 023

磨人砚（背） ················· 024

青琅玕砚 ················· 025

青琅玕砚（背、侧） ················· 026

太极砚 ················· 027

太极砚（背） ················· 028

学易砚 ················· 029

学易砚（背、侧） ················· 030

真砚 ················· 031

真砚（背） ················· 032

周药坡蕉白砚 ················· 033

周药坡蕉白砚（背） ················· 034

朝朝染翰砚 ················· 035

朝朝染翰砚（背） ················· 036

李易安藏砚 ················· 037

李易安藏砚（背、侧） ················· 038

方正平直砚 ················· 039

方正平直砚（背） ················· 040

长生未央瓦当砚 ················· 041

长生未央瓦当砚（背、侧） ················· 042

阮氏小云吟馆双井砚 ················· 043

阮氏小云吟馆双井砚（背、侧） ················· 044

玉蟾滴泪铭砚 ················· 045

玉蟾滴泪铭砚（背、侧） ················· 046

南塘张恂甫藏砚 ················· 047

南塘张恂甫藏砚（背、侧） ················· 048

墨井砚 ················· 049

墨井砚（背、侧） ················· 050

含浑铭砚 ················· 051

含浑铭砚（背） ················· 052

箸作砚 ················· 053

箸作砚（背） ················· 054

琅玕砚 ················· 055

琅玕砚（背、侧） ················· 056

填海补天铭砚 ················· 057

填海补天铭砚（背） ················· 058

听松亭瓦砚 ················· 059

听松亭瓦砚（背） ················· 060

古澄泥砚 ················· 061

古澄泥砚（背、侧） ················· 062

绿玉宋洮河砚（阿翠像砚） ················· 063

绿玉宋洮河砚（阿翠像砚，背）……………065

井牸砚………………066

雍熙碑砚………………068

易砚………………070

易砚（侧）………………072

展砚………………073

展砚（背、侧）………………074

白雪青瑕铭砚………………075

白雪青瑕铭砚（正、侧）………………076

黄文节公真像砚………………077

黄文节公真像砚（背、侧）………………078

鹧鸪先生五铢砚………………079

鹧鸪先生五铢砚（背）………………080

鸣坚白斋课诗砚………………081

鸣坚白斋课诗砚（背、侧）………………082

玉溪生像砚………………083

玉溪生像砚（背、侧）………………085

墨池砚………………087

墨池砚（背）………………088

汲古砚………………089

汲古砚（背）………………090

砥砺廉隅铭砚………………091

砥砺廉隅铭砚（背）………………092

青莲花砚………………093

青莲花砚（背）………………094

精卫衔残砚………………095

精卫衔残砚（背）………………096

康熙宸翰砚………………097

康熙宸翰砚（背、侧）………………098

石交砚………………099

石交砚（背）………………100

徐袖东诗画砚………………101

徐袖东诗画砚（背、侧）………………102

连环砚………………103

连环砚（背）………………104

鹅群砚………………105

鹅群砚（背、侧）………………107

大同铭砚………………108

大同铭砚（背）………………109

听松亭长课诗砚………………101

听松亭长课诗砚（背）………………111

翠岩画砚………………112

翠岩画砚（背）………………113

学圃铭砚………………114

学圃铭砚（背）………………115

佛像砚………………116

佛像砚（背）………………117

达摩面壁砚………………118

达摩面壁砚（背）………………119

龙黻砚………………120

龙黻砚（背、侧）………………121

龙黻砚（侧）………………122

谦卦砚………………123

谦卦砚（背）………………125

先公堂砚 …………………………… 126

千岁芝砚 …………………………… 127

千岁芝砚（背）…………………… 128

石友诗画砚 ………………………… 129

石友诗画砚（背）………………… 130

吴昌硕小像砚 ……………………… 131

吴昌硕小像砚（背、侧）………… 132

甲寅夏五铭砚 ……………………… 133

甲寅夏五铭砚（背）……………… 134

紫琅玗砚 …………………………… 135

天风海涛砚 ………………………… 137

天风海涛砚（背）………………… 138

磨涅铭砚 …………………………… 139

磨涅铭砚（背）…………………… 140

濯足砚 ……………………………… 141

濯足砚（背）……………………… 142

李是庵画像砚 ……………………… 143

李是庵画像砚（背、侧）………… 144

秋叶砚 ……………………………… 145

秋叶砚（背）……………………… 146

金孝章藏砚 ………………………… 147

金孝章藏砚（背、侧）…………… 148

夔龙砚 ……………………………… 149

夔龙砚（背、侧）………………… 150

石破天惊铭砚 ……………………… 151

石破天惊铭砚（背、侧）………… 152

蒲衣一目砚 ………………………… 153

蒲衣一目砚（背）………………… 154

师子尊者像砚 ……………………… 155

师子尊者像砚（背、侧）………… 156

和轩氏紫云砚 ……………………… 157

和轩氏紫云砚（背、侧）………… 158

记事珠砚 …………………………… 159

记事珠砚（背）…………………… 160

岱砚 ………………………………… 161

岱砚（背、侧）…………………… 162

龟蛇砚 ……………………………… 163

龟蛇砚（背、侧）………………… 164

泊翁画莲砚 ………………………… 165

泊翁画莲砚（背、侧）…………… 166

云月砚 ……………………………… 167

云月砚（背、侧）………………… 168

两罍轩主校书砚 …………………… 169

两罍轩主校书砚（背、侧）……… 170

廉隅铭砚 …………………………… 171

廉隅铭砚（背）…………………… 172

兰陵片石砚 ………………………… 173

兰陵片石砚（背）………………… 174

五石瓠砚 …………………………… 175

五石瓠砚（背）…………………… 176

琢英砚 ……………………………… 177

琢英砚（背）……………………… 178

吕晚村藏砚 ………………………… 179

吕晚村藏砚（背）………………… 180

鹅砚·····················182

鹅砚（背）·················183

宇宙砚···················184

宇宙砚（背）···············185

双眼湛秋水铭砚·············186

双眼湛秋水铭砚（背）··········187

松石砚···················188

松石砚（背）···············189

张东林魁砚················190

张东林魁砚（背）············191

傅青主真手砚··············192

傅青主真手砚（背、侧）········193

友端铭砚·················194

友端铭砚（背）·············195

石钟砚···················196

石钟砚（背、侧）············197

席珍砚···················199

席珍砚（背、侧）············200

鳝黄鲤赤砚················201

鳝黄鲤赤砚（背）············202

写天籁砚·················203

写天籁砚（背）·············204

游龙砚···················205

游龙砚（背）···············206

洛神像砚·················207

洛神像砚（背、侧）··········208

玄圭砚···················209

玄圭砚（背）···············210

赵苍露诗虎砚··············211

赵苍露诗虎砚（背、侧）········212

括无咎砚·················213

括无咎砚（背）·············214

高江村信天巢砚·············215

高江村信天巢砚（背、侧）······216

银潢砚···················217

银潢砚（背）···············218

水火既济砚················220

水火既济砚（背）············221

师砚·····················222

师砚（背）·················223

曾国藩藏砚················224

曾国藩藏砚（背、侧）·········225

运斤成风铭砚··············226

运斤成风铭砚（背）··········227

澄泥八角砚················228

澄泥八角砚（背）············229

春水绿波砚················230

春水绿波砚（背）············231

冬井玉虹砚················232

冬井玉虹砚（背）············233

张文敏藏砚················234

张文敏藏砚（背、侧）·········235

蕉绿樱红砚················236

蕉绿樱红砚（背、侧）·········237

抟人余土砚 …………………………… 238
抟人余土砚（背）…………………… 239
黄叶砚 ………………………………… 240
黄叶砚（背、侧）…………………… 241
杜甫像砚 ……………………………… 242
杜甫像砚（背、侧）………………… 243
竹垞藏砚 ……………………………… 245
竹垞藏砚（背）……………………… 246
花蒂砚 ………………………………… 247
花蒂砚（背）………………………… 248
圭璋砚 ………………………………… 249
圭璋砚（背）………………………… 250
方坦庵藏砚 …………………………… 251
方坦庵藏砚（背、侧）……………… 252
张芙川藏砚 …………………………… 253
张芙川藏砚（背、侧）……………… 254
龙鳞砚 ………………………………… 255
龙鳞砚（背）………………………… 256
沈石芗像砚 …………………………… 257
沈石芗像砚（背）…………………… 258
杨藐叟题砚 …………………………… 259
杨藐叟题砚（背）…………………… 260
篷在月明楼砚 ………………………… 261
篷在月明楼砚（背、侧）…………… 262
方寸砚 ………………………………… 263
方寸砚（背）………………………… 264
沈石友课诗砚 ………………………… 265

沈石友课诗砚（背）………………… 266
松禅铭砚 ……………………………… 267
松禅铭砚（背、侧）………………… 268
番腹砚 ………………………………… 269
番腹砚（背）………………………… 270
罗浮古春砚 …………………………… 271
罗浮古春砚（背）…………………… 272
大自在铭砚 …………………………… 273
大自在铭砚（背）…………………… 274
集玉版十三行题砚 …………………… 275
集玉版十三行题砚（背）…………… 276
墨海潮音砚 …………………………… 277
墨海潮音砚（背）…………………… 278
岁寒砚 ………………………………… 279
岁寒砚（背）………………………… 280
镜砚 …………………………………… 281
镜砚（背）…………………………… 282
货布砚 ………………………………… 283
货布砚（背、侧）…………………… 284
听泉画砚 ……………………………… 285
听泉画砚（背）……………………… 286
锄砚 …………………………………… 287
锄砚（背）…………………………… 288
腾蛟砚 ………………………………… 289
腾蛟砚（背）………………………… 290
双鹅砚 ………………………………… 291
双鹅砚（背）………………………… 292

支机砚···293

支机砚（背）·····································294

腾虹结霞砚·····································295

腾虹结霞砚（背）·······························296

木瓜砚···297

木瓜砚（背）···································298

玄圭砚···299

玄圭砚（背）···································300

花好月圆人寿砚·······························301

花好月圆人寿砚（背）·······················302

牧牛砚···303

牧牛砚（背）···································304

千金一壶铭砚·································305

千金一壶铭砚（背）·························306

鱼戏砚···307

鱼戏砚（背）···································308

莲叶砚···309

莲叶砚（背）···································310

叶田砚···311

叶田砚（背）···································312

贝叶砚···313

贝叶砚（背）···································314

樵石砚···315

樵石砚（背）···································316

多福寿砚·······································317

多福寿砚（背）·······························318

修筠袍节铭砚·································319

修筠袍节铭砚（背、侧）···················320

长生无极瓦当砚·······························321

长生无极瓦当砚（背）·······················322

高安万世瓦当砚·······························323

高安万世瓦当砚（背）·······················324

丰字瓦当砚·····································325

丰字瓦当砚（背）·····························326

长生无极瓦当砚·······························327

长生无极瓦当砚（背）·······················328

延年益寿瓦当砚·······························329

延年益寿瓦当砚（背）·······················330

左蒯瓦砚·······································331

右蒯瓦砚·······································332

钝居士生圹志砚·······························333

钝居士生圹志砚（背、侧）···················334

钝居士生圹后志砚·····························336

钝居士生圹后志砚（背）·····················337

品研图

沈石友小像

沈石友硯譜序

石友沈君既卒之六季令子若懷以硯譜四
卷介徐虹隱前輩乞序於余考陳振孫
直齋書錄解題有米海嶽硯史一卷四庫書
目載之尋其體例名史而實為譜莫詳於內
府西清之刻民間殊不多見余嘗見高南阜硯
史及紀文達公硯譜二書紀氏所拓諸硯大都
出自上賜及師友所投贈製作之雅銘詞之

孙雄师郑氏序

　　沈石友砚谱序。石友沈君，既卒之六年，令子若怀以砚谱四卷介徐虹隐前辈乞序于余，余考陈振孙直斋书录解题，有米海岳砚史一卷，四库书目载之，寻其体例名史而实为谱。谱莫详于内府西清之刻，民间殊不多见。余尝见高南阜砚史及纪文达公砚谱二书，纪氏所拓诸砚大都出自上赐及师友所投赠，制作之雅，铭词之

精爲一時冠而於宋元明以来舊硯收藏甚希

南阜硯史所列珍品有老學庵著書第二硯

明人王守溪方寸小硯劉念臺蟻磨齋硯又有

掘港文信國祠下澄泥塼硯蓋不特其硯可寶

而其人其事均可奉爲師資爲今石友硯譜所

錄有武虛谷藏杜工部像硯黃文節公真像

硯文衡山篆謙卦硯傅青主真手硯阮文達

公鵝羣硯及曾文正翁文恭二公藏硯是數公

精，为一时冠。而于宋元明以来，旧砚收藏甚希，南阜砚史所列珍品有老学庵著书第二砚、明人王守溪方寸小砚、刘念台蚁磨斋砚，又有掘港文信国祠下澄泥砖砚，盖不特其砚可宝，而其人其事，均可奉为师资焉。今石友砚谱所录有武虚谷藏杜工部像砚、黄文节公真像砚、文衡山篆谦卦砚、傅青主真手砚、阮文达公鹅群砚及曾文正翁文恭二公藏砚。是数公

憫蒼赤之顛連或亦臨風感愴不能效太上之
忘情而欲效補天煉石之神媧默相後賢以一
展其撥亂反正之鳳抱乎未可知也余以買山
無貲浮沈人海國變以後惟以筆耕墨耡自
食其力偶遊海王村市肆見宋元本書籍及
名家舊藏硯石無力購置時有寶山空返之
歎春秋佳日淨几明窗繙閱近人硯譜聊當
宗少文之臥遊以寄尚友之思而已獨念先

悯苍赤之颠连。或亦临风感怆，不能效太上之忘情，而欲补天炼石之神娲，默相后贤，以一展其拨乱反正之凤抱乎，未可知也。余以买山无资，浮沈人海，国变以后，惟以笔耕墨耡，自食其力，偶游海王村市肆，见宋元本书籍及名家旧藏砚石，无力购置。时有宝山空返之叹。春秋佳日，净几明窗，翻阅近人砚谱，聊当宗少文之卧游以寄尚又之思而已。独念先高祖吉士公，亦喜蓄砚，与赵子梁先生交契，尤笃天真阁诗集，中有邻洋阁九客、七客、二长歌。又有自题洛神砚七绝及井田砚、朴砚两铭。今诸砚均经兵燹流落人间，惟洛神砚尚有拓本，曾乞虹隐前辈题词，以留纪念，痛祖砚之沦亡，感江关之萧瑟，盖有掩卷歔欷不能自己者。石友有知，得无叹故人之憔悴乎？壬戌仲冬之月，孙雄师郑氏序。

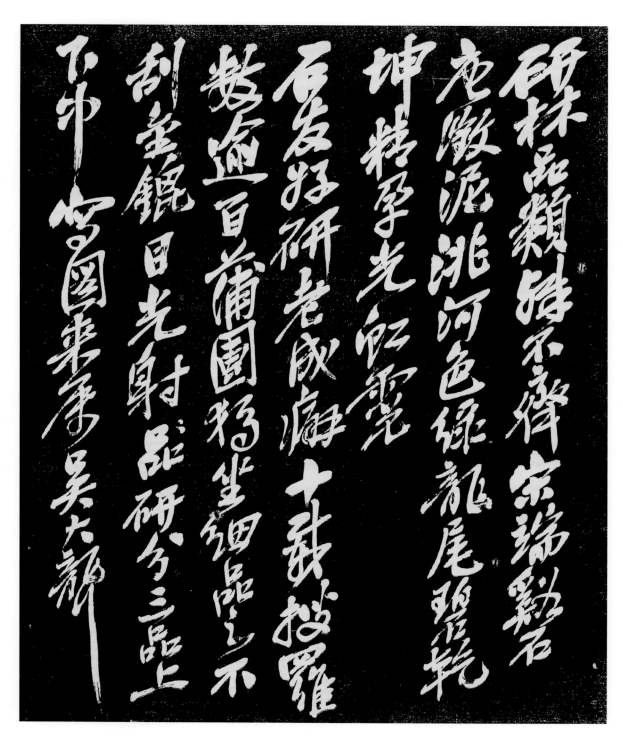

吴昌硕序

　　研林品类殊不齐，宋端溪石唐澄泥。洮河色绿龙尾碧，乾坤精孕光虹霓。石友好研老成癖，十载搜罗数逾百。蒲团独坐细品之，不刮金锟目光射。研分三品上下中，写图来属吴大聋

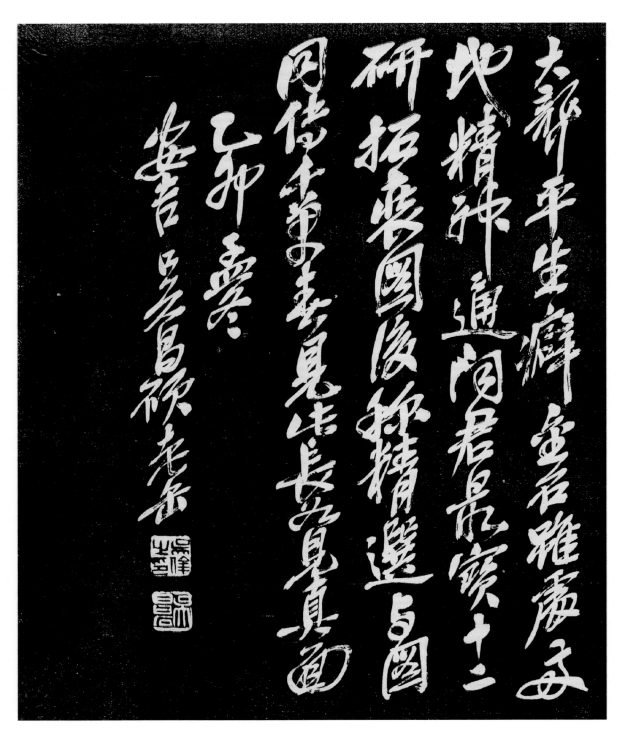

　　大聋平生癖金石，虽处两地精神通。闻君最宝十二研，拓装图后称精选。与图同传千万春，见此长如见真面。乙卯孟冬，安吉吴昌硕，老缶。

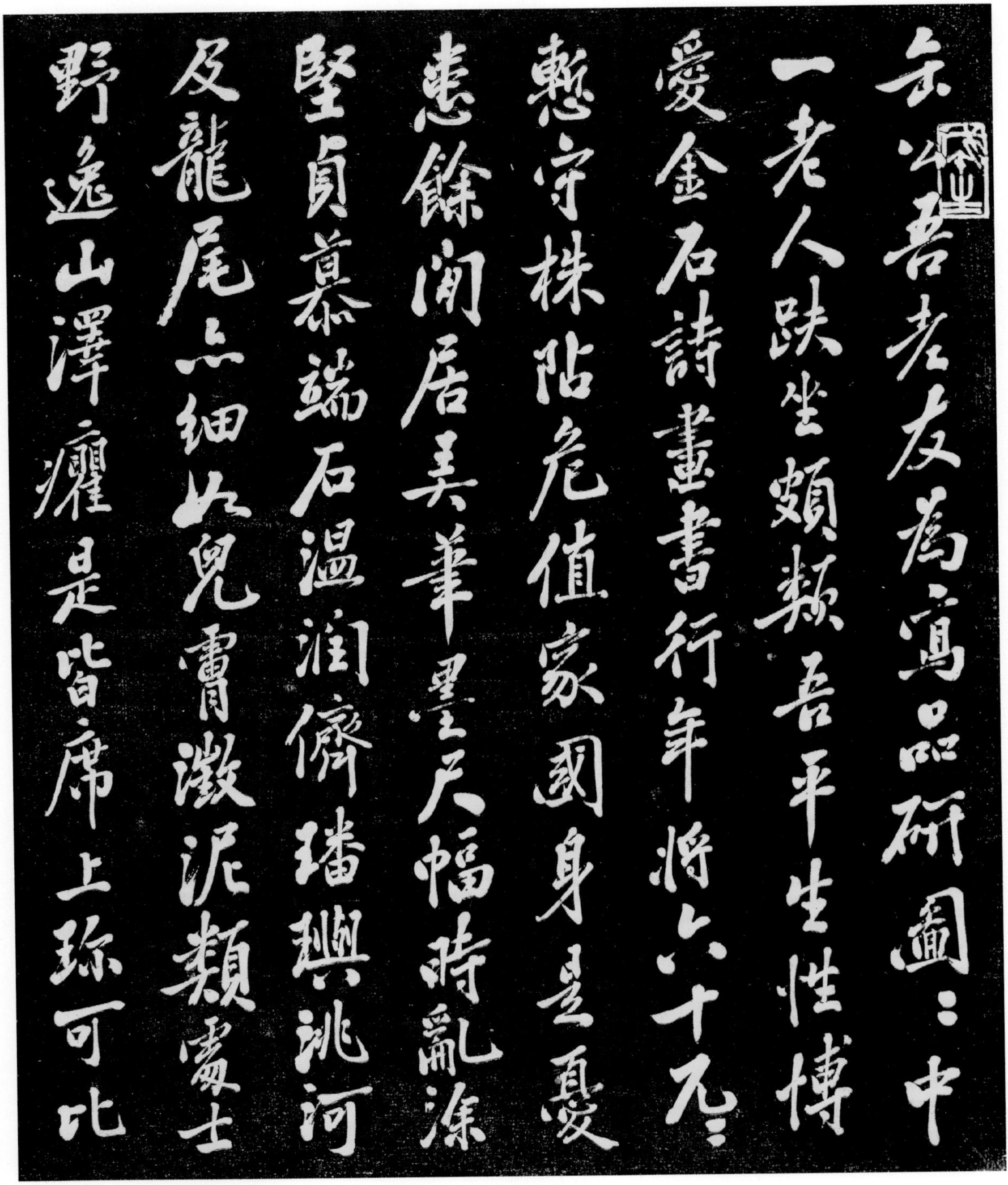

缶公吾老友為寫品研圖：中
一老人跌坐頻類吾平生性博
愛金石詩畫書行年將六十无
兀慚守株阽危值家國身是憂
患餘閑居弄筆墨尺幅時亂涂
堅貞慕端石溫潤儕璠璵洮河
及龍尾亦細如兒膚澂泥類處士
野逸山澤癯是皆席上珍可比

石友自题序

缶公吾老友，为写品研图。图中一老人，跌坐颇类吾。平生性博爱，金石诗画书，行年将六十，兀兀惭守株。阽危值家国，身是忧患余。闲居弄笔墨，尺幅时乱涂。坚贞慕端石，温润侪璠玙。洮河及龙尾，亦细如儿肤。澄泥类处士，野逸山泽癯。是皆席上珍，可比

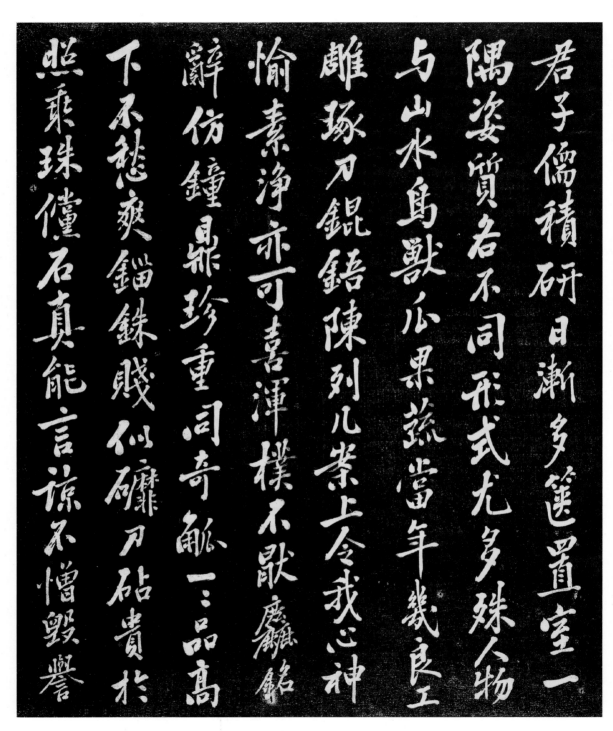

君子儒。积研日渐多，筐置室一隅。姿质各不同，形式尤多殊。人物与山水，鸟兽瓜果蔬。当年几良工，雕琢刀锟锘。陈列几案上，令我心神愉。素净亦可喜，浑朴不厌粗。铭辞仿钟鼎，珍重同奇觚。一一品高下，不愁爽镏铢。贱似磨刀砧，贵于照乘珠。倘石真能言，谅不憎毁誉

者均足當三不朽之目石友寶其硯而師其人
其用意固與南皋若合符節石友藏有銅印
文曰天祥宋瑞之章其自題品硯圖云我藏信
國印正氣充寰區安得玉帶生招徠為吾徒
嚮往之誠流於楮墨又自撰生壙後志云武
漢發難身丁國變性耽詩有硯癖謂詩可言
志硯以比德也齒益邁嗜益篤蓄硯百餘詩
倍之偶遭橫逆仍品硯賦詩不輟今者石友逝

者，均足当三不朽之，目石友宝其砚而师其人，其用意固与南皋若合符节。石友藏有铜印，文曰天祥宋瑞之章，其自题品砚图云：我藏信国印，正气充寰区，安得玉带生，招徕为吾徒，向往之诚流于楮墨，又自撰生圹后志云：武汉发难，身丁国变，性耽诗，有砚癖，谓诗可言志，砚以比德也。齿益迈，嗜益笃，蓄砚百余，诗倍之，偶遭横逆，仍品砚赋诗不辍。今者石友逝矣。鸣坚白斋诗存十二卷，吴君昌硕亲为点定，序而行之，称其性情姱亮，自晦于时，惟以哦诗抱石销磨岁月，其诗境凡三变：少慕清逸中趋真挚，晚遂举其悲愤之心，托于闲适之致。长歌短咏，历劫不磨，吴君之论，足以信今传后，石友为不死矣。吾知石友于九泉之下，必仍以品砚赋诗为乐，方与少陵、鲁直、放翁、信国、念台、衡山、青主诸公，上下其议论，轶埃壒之溷浊。

反觉月旦评，好恶言多灵，玩物诚丧志，聊藉以自娱。蒲团坐静观方寸，还唐虞，如今遭变革，世途益崎岖，闭门日弄石，全我清白躯，我藏信国印（天祥宋瑞云章铜印），正气充寰区，安得玉带生。招徕为吾徒，人生百年内。疾如过隙驹，天教作野史。欲使为董狐，神女祸中国。昔智今何愚，春秋

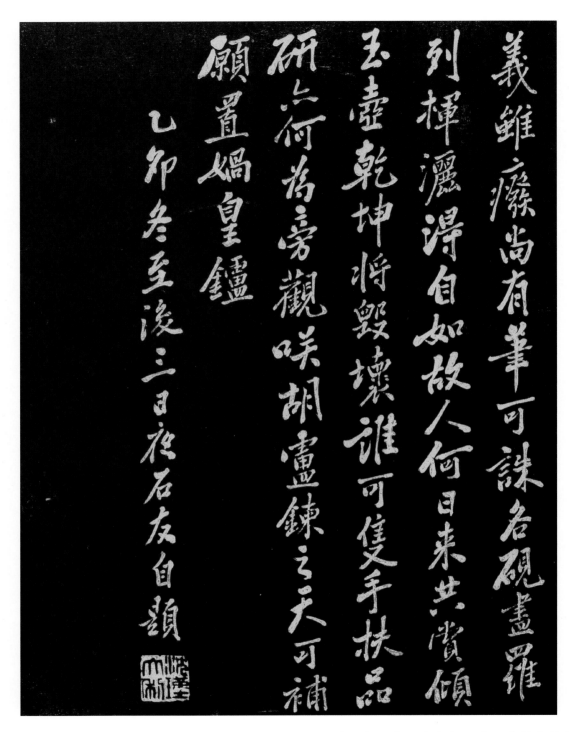

　　义虽废。尚有笔可诛，各砚尽罗列，挥洒得自如，故人何日来。共赏倾玉壶，乾坤将毁坏，谁可双手扶，品研亦何为，旁观笑胡庐，炼之天可补，愿置娲皇炉。乙卯冬至后三日夜石友自题。

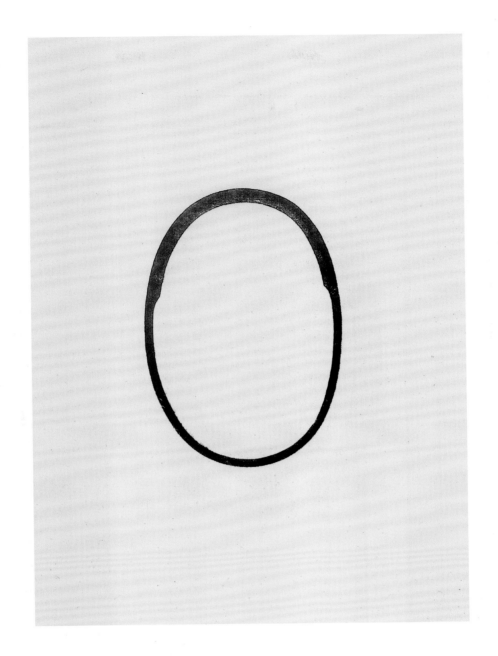

石友小像砚

砚成于清光绪三十年（1904）八月，沈氏自赞，赵石（古泥）刻。

砚长 13 厘米，宽 8.8 厘米。

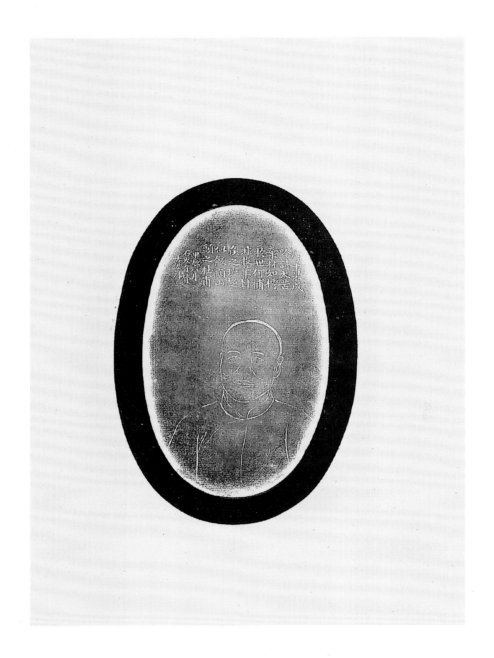

石友小像砚（背）

【文】

学书不成，吟诗太苦。弃材如朽，于世何补。非投笔封侯之班超，似饭颗山头之杜甫。甲辰八月，石友自赞。古泥刻。

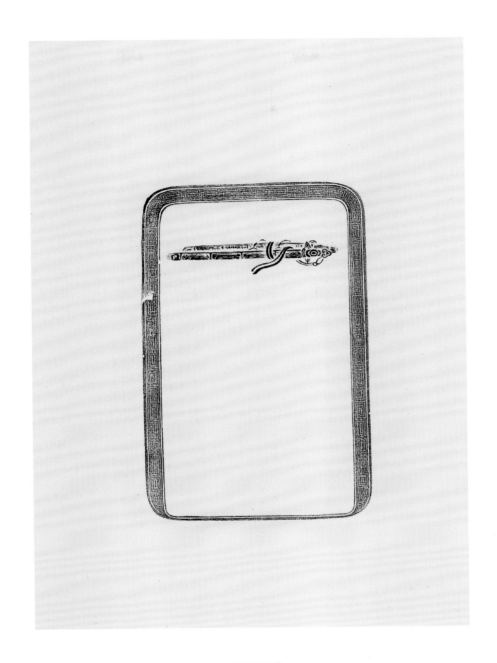

品砚图砚

砚成于民国四年（1915）冬，吴昌硕图并铭。左侧沈汝瑾自撰诗。

砚长 18.7 厘米，宽 12 厘米，厚 1.8 厘米。

品砚图砚（背、侧）

【文】

品珪璧，资磨砻。才如干莫，须藏锋。石友属，昌硕铭。

品砚图。乙卯冬为石友画，老缶。

双剑未化龙，沉沉墨池水。欲赠草檄文，今世无烈士。石友。

【印】

沈。

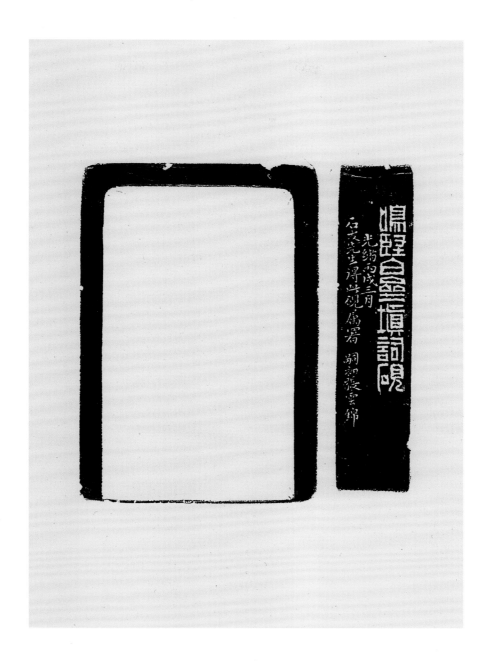

鸣坚白斋填词砚

砚成于清道光十九年（1839）四月二十三日。砚背沈汝瑾词，右侧光绪十二年（1886）三月，张云锦题字并跋。砚长 11.5 厘米，宽 7.7 厘米，厚 2.5 厘米。

【文】

鸣坚白斋填词砚。光绪丙戌三月，石友先生得此砚属署，嗣初张云锦。

鸣坚白斋填词砚（背、侧）

【文】

倚声按谱。惟有淬妃识甘苦。石友。

道光己亥夏四月二十又三日，枞川舟次匏庵刻。

【印】

沈。

公周临抚金石文字砚

砚成于清光绪十七年（1891）二月，似初刻，归天石铭并沈汝瑾记。砚背民国二年（1913）元旦，沈氏诗并记。右侧吴昌硕题字。砚长 23.5 厘米，宽 15.5 厘米，厚 3.4 厘米。

【文】

公周临抚金石文字之砚。吴俊卿署。

【印】

缶记。

公周临抚金石文字砚（背、侧）

【文】

学书老不成，赠砚负吾友。何似在田家，瓮头覆春酒。此砚村人覆
瓮天石购赠，癸丑元旦试笔又记，公周。

黄琮温润精铁坚，石交贻我结古欢，磨穿此砚书可传。辛卯二月归
君天石赠铭二十一字。索侣初老友刻之，公周记。

磨人砚

砚成于清光绪二十四年（1898）。砚背沈汝瑾跋。上侧光绪三十一年（1905）五月吴昌硕题字。砚长15.4厘米，宽10厘米，厚3.2厘米。

【文】

磨人。石友先生正，乙巳五月。俊卿。

戊戌人日，石友属，西城琢。

青琅玕砚（背、侧）

【文】

戊戌古华朝。西城琢。

太极砚

砚面为太极图。右侧清光绪二十四年（1898）秋沈汝瑾铭，冬（石）

友书。砚背民国三年（1914）秋，吴昌硕题字。砚径 8.6 厘米。

【文】

衍太极，分黑白。万象出，出渊默。戊戌秋石友铭，冬友书。

太极砚（背）

【文】

一画开天，文字之先。甲寅秋石友属，缶。

【印】

俊。

学易砚

砚成于清光绪二十四年（1898）八月。右侧沈汝瑾铭，汉强书。砚背赵石（白衣）铭。左侧吴昌硕民国三年（1914）七月铭。砚长、宽均 9.2 厘米，厚 1.4 厘米。

【文】

人所残遇我则全，吁嗟此石难补天。石友铭，汉强书。

戊戌中秋，石友得残研，石农琢。

学易砚（背、侧）

【文】

由损得益，可以学易。

虽改作，胜完璞。补亡诗，理旧学。石友属，昌硕铭，甲寅七月。

【印】

石农。

真砚

砚背清道光二十四年（1898）三月三日，沈汝瑾铭。面及右侧吴昌硕题字并铭。砚长 23 厘米，宽 15.6 厘米，厚 3.6 厘米。

【文】

真砚。此砚有天然之致，摘东坡语题之。昌硕。

先天化二凿混沌窍，文心雕龙同此妙。石友属，昌硕铭。

真砚（背）

【文】

云霞绚烂佐文史，平生石交最爱尔。戊戌上巳，石友。

【印】

鸣坚白斋。

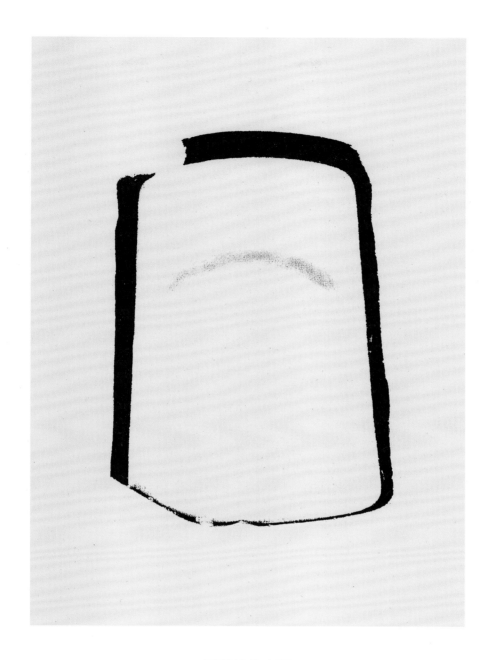

周药坡蕉白砚

砚背清乾隆年间（1736—1796）周二学跋，清光绪二十六年（1900）

八月，沈汝瑾记。砚长 15 厘米，宽 10.3 厘米。

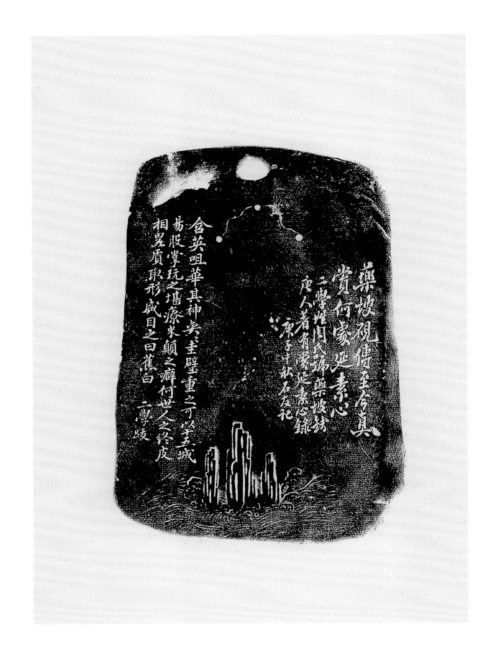

周药坡蕉白砚（背）

【文】

药坡砚传至今，真赏何处延素心。二学姓周氏，号药坡，钱唐人，著有赏延素心录。庚子中秋，石友记。

含英咀华，其神弈弈。圭璧重之，可以十五城易。股掌玩之，堪疗米颠之癖。何世人之终皮相，略质取形，咸目之曰蕉白。二学跋。

朝朝染翰砚

砚面题字。砚背清康熙年间（1662—1722）顾文渊题诗，光绪二十

九年（1903）冬，沈汝瑾并记。砚长 20.1 厘米，宽 13.5 厘米。

【文】

朝朝染翰。

朝朝染翰砚（背）

【文】

雪坡竹风娟娟，片石犹带潇湘烟。癸卯冬，石友铭。

露滴蟾蜍，墨润冰纹之玺。凉生翡翠，香消蠹处之鱼。雪坡。

顾雪坡文渊，吾虞人，康熙时以画竹名。石友并记。

【印】

琹。

李易安藏砚

砚右侧清光绪二十九年（1903）闰五月，沈汝瑾诗，赵石（古泥）

刻。砚背民国二年（1913）三月吴昌硕诗，左侧题字。砚长 11.9 厘米，

宽 7.3 厘米，厚 3.6 厘米。

【文】

感慨金石序，清新漱玉词。蟾蜍滴秋露，遐想吮豪诗。癸卯闰五月，

石友题，古泥刻。

李易安藏砚（背、侧）

【文】

款镌小篆效臣斯，德甫应曾戏画眉。留与山斋编野史，中兴颂后更题诗。

癸丑暮春，石友属题，昌硕。

易安。

方正平直砚

砚成于清光绪三十年（1904）五月。背赵石（古泥）刻。面沈汝瑾铭，吴昌硕书。砚长 18.3 厘米，宽 11.4 厘米。

【文】

方正平直，受人之则，诐辞邪说毋浼墨。石友铭，俊卿书。

方正平直砚（背）

【文】

光绪三十年岁次甲辰五月。石友属，古泥琢于鸣坚白斋。

长生未央瓦当砚

砚面及砚背清光绪二十九年（1903）夏，沈汝瑾铭，赵石（古泥）刻。砚径 11.5 厘米。

【文】

一规苍璧文龙蛇，老蟆食月喷墨华。发我奇思凌青霞，长生未央乐摩挲。

长生未央瓦当砚（背、侧）

【文】

癸卯夏，石友铭，石农刻。

长生未央。

阮氏小云吟馆双井砚

砚背及左侧题字。右侧清光绪三十一年（1905）三月，沈汝瑾铭。

砚长 10.3 厘米，宽 7.4 厘米，厚 2 厘米。

【文】

注彼挹此，汲古不竭。我非和峤有钱癖。乙巳三月，石友铭。

【印】

沈。

阮氏小云吟馆双井砚（背、侧）

【文】

货币。

阮氏小云吟馆双井研。

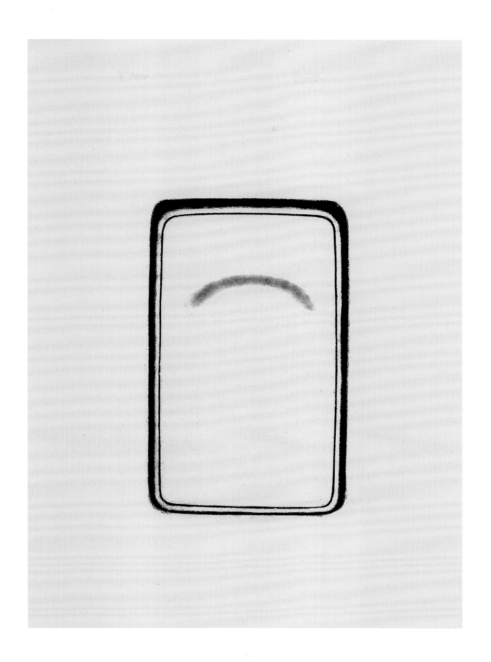

玉蜍滴泪铭砚

砚背清光绪三十一年（1905），沈汝瑾铭，吴昌硕书。砚长 16.5
厘米，宽 9.9 厘米。

玉蜍滴泪铭砚（背、侧）

【文】

泪满玉蜍滴，愁铺金凤笺。春花与秋月，两赋悼亡篇。乙巳岁暮，
石友作，昌硕书。

金沙王后摹古。

【印】

吴俊、□珍。

南塘张恂甫藏砚

砚背清光绪三十二年（1906）立春，吴昌硕铭。左侧清张恂甫诗。右侧民国元年（1912）秋，沈汝瑾记。砚长15.1厘米，宽9.9厘米，厚2.5厘米。

【文】

恂甫，吴下南塘人，予继室张之从祖。平生蓄砚甚夥，遭乱散失。此其一也，予收得之，壬子秋检出题记，去张之亡八年，予亦垂垂老矣。石友。

南塘张恂甫藏砚（背、侧）

【文】

麒麟斗，日月蚀。坐东山，抱此石。写感事诗天地窄。丙午立春。
吴俊卿。

一片端溪云，曾洗南塘水。追忆旧时情，白发秋风里。

【印】

恂甫。

墨井砚

右侧清光绪三十一年（1905）夏，沈汝瑾记，吴昌硕书。砚背吴昌硕铭。左侧养浩铭。砚长 15.2 厘米，宽 8.7 厘米，厚 2.3 厘米。

【文】

墨井。乙巳夏得此砚于言子旧宅。宅有墨井，即以名之。昌硕篆，石友记。

墨井砚（背、侧）

【文】

雕龙绣虎，不如日日汲古。昌硕又铭。

墨波一滴，井养汨汨。有虹光烛乎，东南日倾，弹歌之液沥。石友先生属，养浩再铭。

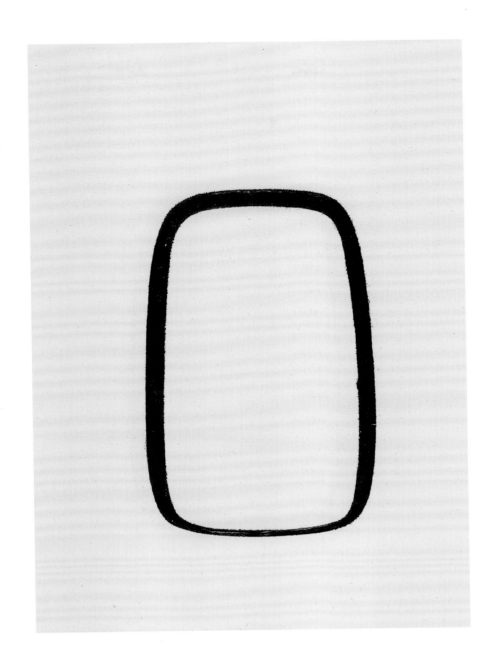

含浑铭砚

砚背清宣统三年（1911）三月，沈汝瑾铭，萧蜕（蜕庵）书，赵石（古泥）刻。砚长 12.7 厘米，宽 8 厘米。

含浑铭砚（背）

【文】

含浑无圭角，殆深老氏之学。辛亥季春，石友铭，蜕庵书，古泥刻。

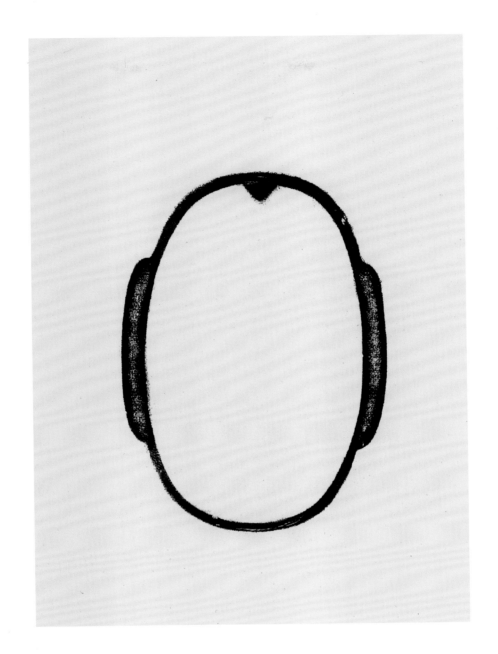

箸作砚

砚背民国四年（1915）夏，吴昌硕铭。砚长 12.7 厘米，宽 9 厘米。

箸作砚（背）

【文】

满不招损，善持其盈。发为文章，有金石声。

石友属铭。乙卯夏，吴昌硕。

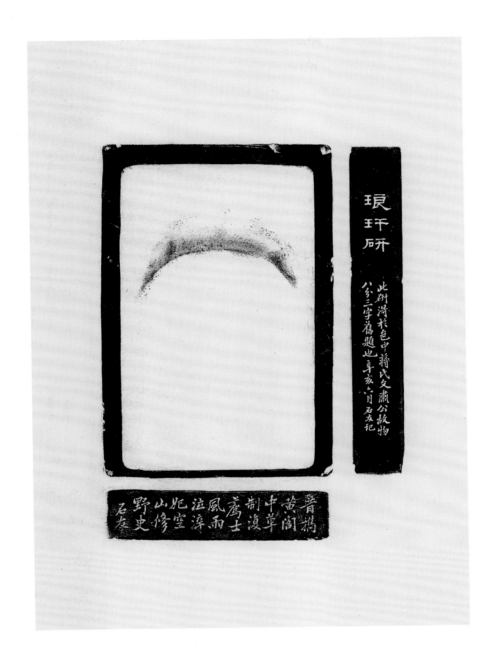

琅玕砚

砚背刻竹。右侧及下侧清宣统三年（1911）六月，沈汝瑾记。左侧吴昌硕铭。砚长 17.4 厘米，宽 11.4 厘米，厚 2.6 厘米。

【文】

琅玕研。此研得于邑中，蒋氏文肃公故物，八分三字旧题也。辛亥六月，石友记。

昔携黄阁中，草制复荐士。风雨泣滓妃，空山修野史。石友。

琅玕砚（背、侧）

【文】

紫琅根比青桐深，一寸之节千古心。调元气寂黄钟音，玉蟾蜍滴书来禽。缶道人铭。

【印】

青桐轩。

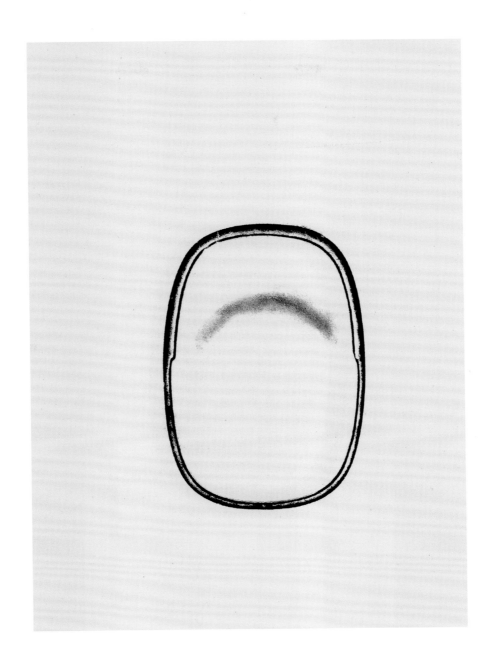

填海补天铭砚

砚背清光绪三十四年（1908）八月，吴昌硕记。砚长 13.8 厘米，宽 9.3 厘米。

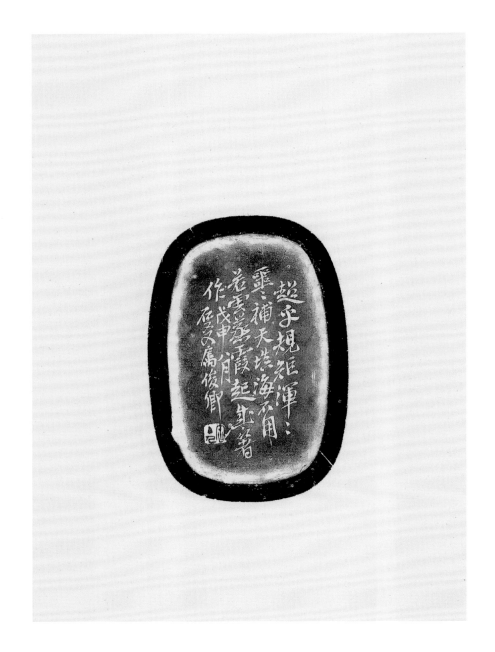

填海补天铭砚（背）

【文】

超乎规矩，浑浑噩噩。补天填海不用，若云蒸霞起成箸作。戊申八月，石友属，俊卿。

【印】

缶主人。

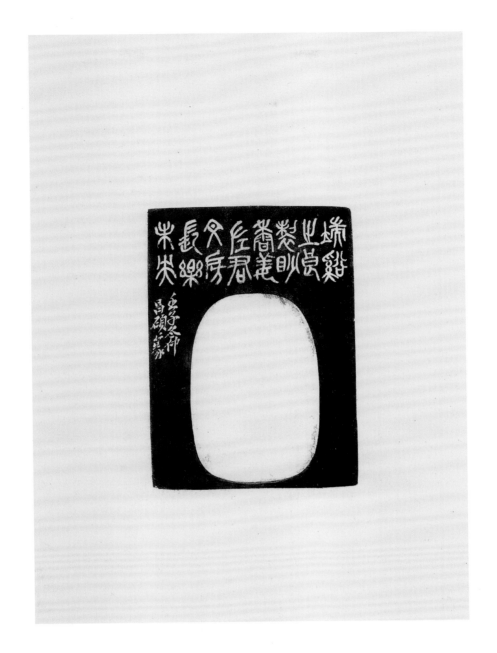

听松亭瓦砚

砚背清宣统三年（1911）闰六月，沈汝瑾铭。面民国元年（1912）冬，吴昌硕题字。砚长 14.6 厘米，宽 10.2 厘米。

【文】

端溪之良，制眇香姜。左君文房，长乐未央。壬子冬仲，昌硕篆。

听松亭瓦砚（背）

【文】

不补天，得瓦全，参书画禅。辛亥闰六月，石友铭于听松亭。

古澄泥砚

砚背清宣统三年（1911）闰六月，沈汝瑾铭。左侧民国四年（1915）

九月吴昌硕铭。右侧题字。砚长 20 厘米，宽 11.4 厘米，厚 1.7 厘米。

【文】

古澄泥砚。

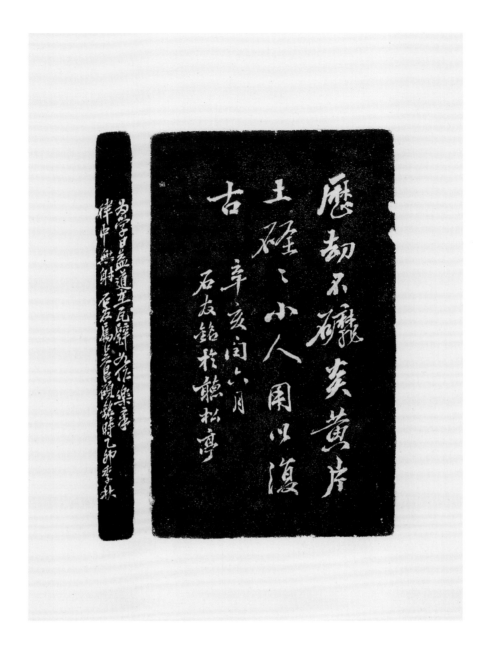

古澄泥砚（背、侧）

【文】

历劫不磨，炎黄片土。硁硁小人，用以复古。辛亥闰六月，石友铭于听松亭。

为学日益，道在瓦甓。如作乐章，律中无射。石友属，吴昌硕铭，时乙卯季秋。

绿玉宋洮河砚（阿翠像砚）

砚成于南宋咸淳七年（1271），背刻像。右侧明万历十七年（1589）三月马守贞记。左侧清宣统三年（1911）沈汝瑾记，赵石（古泥）刻。下侧民国元年（1912）冬，吴昌硕跋。砚长 19.1 厘米，宽 12.5 厘米，厚 4.2 厘米。

【文】

绿玉宋洮河，池残历劫多，佳人留砚背，疑妾旧秋波。己丑三月得此砚，墨池鱼损去之，背像眉目似妾，而右颊亦有一痣，妾前身耶。阿翠疑苏翠，果尔。当祝发空门。愿来生不再入此孽海。守真记。

石友示苏翠像砚，马守贞题，可称双绝，翠乐籍，工墨竹分隶。咸淳辛未宋度宗七年，己丑明万历十七年也。壬子冬。吴昌硕跋。

【印】

马、海虞沈石友藏。

绿玉宋洮河砚（阿翠像砚，背）

【文】

片石历四朝，两美合一影。想见画长眉，露滴玉蟾冷。洗汲绿珠井，贮拟黄金屋，若问我前身，为疑王百穀。刻画入精微，脂香泛墨池。汉家麟阁上，图像几人知。宣统辛亥，得此砚，喜赋三绝，石友题记。劲草书，古泥刻。

咸淳辛未、阿翠。

井斧砚

砚背清黄宗义康熙年间（1662—1722）铭，吕留良斫。左侧宣统三年（1911）八月，沈汝瑾诗，赵石（古泥）刻，右侧吴昌硕诗。砚长 14.2 厘米，宽 9.2 厘米，厚 2.1 厘米。

【文】

井改仍是井，斧丧复有斧。一片千古心，与石原无二。石友属，昌硕。□□秘玩。

【印】

吴。

雍熙碑砚

砚右侧北宋雍熙元年（984）碑文。左侧清宣统三年（1911）冬，沈汝瑾诗。砚面及下侧民国元年（1912）冬，吴昌硕题字并跋。背朱璛图记。砚长20.4厘米，宽12.2厘米，厚3.1厘米。

【文】

澂碧砚。壬子仲冬月，缶题。

坎水澂碧，环镇佳宅。猴逢一纪，与日月易。雍熙甲申，卜者缄石。

碑文缩摹绝奇古，乙木居士无可考，或谓乙木二字合成朱，殆明裔也。壬子岁暮，石友属，吴昌硕跋。

【印】

昌石。

易砚

【文】

江阴沈凤用米五石易于宣城之汪氏。易砚图。余藏奇壬书。有日者，年七十余，持此研来易，阴知余有研癖也。研为眉子老坑，棕点密布，不禁狂喜□刻奥甚，匣粘一纸。言昔相地山村，村人道入小室，观碑，碑矗土二尺余。凸文苦不得解，拓归。卅年重过兹村，则墟矣，念碑钼其处，得剩石，制二研，工窃一去，缩摸碑字乃悟，所谓猴逢一纪，十二甲申也。与日月易者，同明亡也，凡百有数，丰非天耶。丙戌乙木居士解。曰者王姓，自言为居士弟子，均奇人也。海阳朱琳图记。

残碑为研纪兴亡，往事悠悠剧可伤。二百余年天地闲，我身与尔历沧桑。易砚镌图妙绝伦，米量五石换奇珍。补天填海今无用，携作桥亭卖卜人。辛亥冬，石友。

【印】

沈。

易砚（侧）

【文】

易称离为目，观示中虚情。此研额有眼，并列如双星。缶题协谦卦，文明表和平。挥洒聊自适，非笑由群盲。石友作，盅渊书。

【印】

笔。

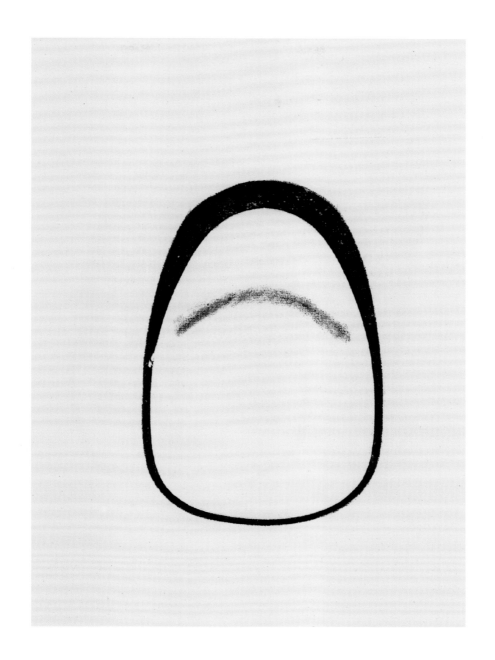

屦砚

砚背清宣统三年（1911），沈汝瑾铭。左侧题字。砚长 11.8 厘米，宽 8 厘米，厚 2.6 厘米。

屉砚（背、侧）

【文】

不知书，辱泥涂，吾知免夫。辛亥，石友。

屉砚。

白雪青瑕铭砚

砚左侧清宣统三年（1911）冬，沈汝瑾铭。砚面十二月冬吴昌硕题字。砚长 17.2 厘米，宽 10.7 厘米，厚 2.7 厘米。

【文】

白雪青瑕之砚。壬子冬，昌硕。

白雪青瑕铭砚（正、侧）

【文】

补天缺，填海深，烈士骨，志士心。不作露布伴苦吟。吁嗟何异磨刀砧。辛亥冬，石友。

黄文节公真像砚

砚背像，郭士云摹。两侧民国元年（1912）春、民国四年（1915）四月冬，沈汝瑾诗，吴昌硕书。砚长18.3厘米，宽11.5厘米，厚3厘米。

【文】

文章独立万物表，面目长留片石中。安得重生郭漳绿，更图坡老伴涪翁。乙卯孟夏，石友又题。

黄文节公真像砚（背、侧）

【文】

黄文节公真像。郭士云谨摹。

名列党人碑，像刻端溪砚。历劫喜不磨，庐山识真面。读史对青山，更写范滂传。悠悠千古心，唯有涪翁见。壬子春，石友作，昌硕书。

【印】

俊。

鹧鸪先生五铢砚

砚成于清初，面五铢钱图。砚背民国元年（1912）春，沈汝瑾诗，吴昌硕书。右侧李涣题字。砚成 11.8 厘米，宽 7.3 厘米，厚 1.4 厘米。

【文】

鹧鸪先生制砚。精者不刻款，惟作一鸟形。李渔。

五铢。

鹧鸪先生五铢砚（背）

【文】

遥推琢砚心，五铢汉当复。磨墨演禽言，湘娥泪斑竹。壬子春，石友又作，昌硕书。

【印】

昌石、黄、晦翁五铢砚式。

鸣坚白斋课诗砚

砚背民国元年（1912）冬，沈汝瑾诗。两侧吴昌硕题字。砚长

15.1 厘米，宽 10 厘米，厚 2.9 厘米。

【文】

鸣坚白斋。

鸣坚白斋课诗砚（背、侧）

【文】

苑山墨池石苍璧，不修国史不草檄。长吟短吟日啾唧，欧出心肝血一滴，千年之后当化碧。壬子冬，石友。

课诗砚。俊卿。

【印】

缶。

玉溪生像砚

砚背像,明万历六年(1578)陆治(包山子)绘,冬仲石记。右侧嘉庆二年(1797)八月二日,翁方纲跋。左侧民国元年(1912)十二月,吴昌硕诗。下侧沈汝瑾诗。砚长20.5厘米,宽14厘米,厚3.6厘米。

【文】

租香兄以玉溪生像研拓本求题,视其神采飞腾如女子,制作之精可想见矣。愚有上官周唐宋诗人像一册,至玉溪微病其多态,今始知上官氏之学有渊源,非妄为者,中石不可考。嘉庆二年,岁次丁巳秋,八月二日。北平翁方纲。

我读韩碑诗,顶礼玉溪像。千古翰墨缘,神交结遐想。石友。

【印】

苏斋。

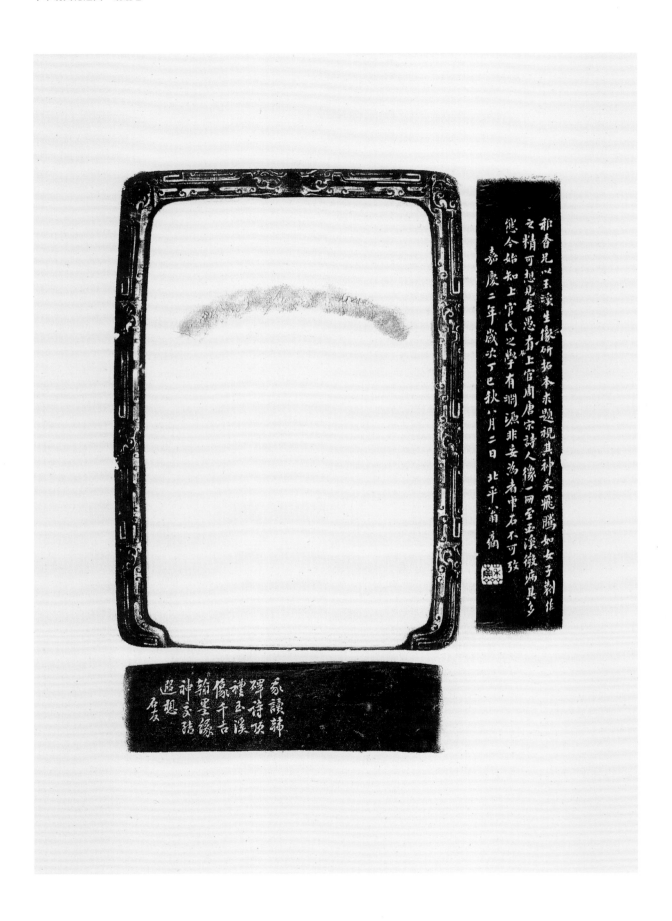

郁香兄以玉溪生像研拓本末题视其神采飞腾如女子剃作
之精可想见矣愚有上官周唐宗诗人缘一册至玉溪彼病其多
能令始知上官氏之学有渊源非妄为者甲石不可致
嘉庆二年岁次丁巳秋八月二日 北平翁方纲

家读辅
弹诗顷
祀玉溪
像千古
翰墨缘
神文诘
超想
石友

玉溪生像砚（背、侧）

【文】

予得宋人写无题诗卷子，首列玉溪像，脱失过半，落墨潇洒，非龙眠一辈子不能到。因属包山子摹此研背，及刻成，而陆已谢世矣。万历丙子冬。仲石记。

包山妙笔摹玉溪，端石砚刻神仙姿。沈郎得之日临池，雪窗更知无题诗。壬子嘉平月，石友属，安吉吴昌硕题。

【印】

秅香心赏、□成。

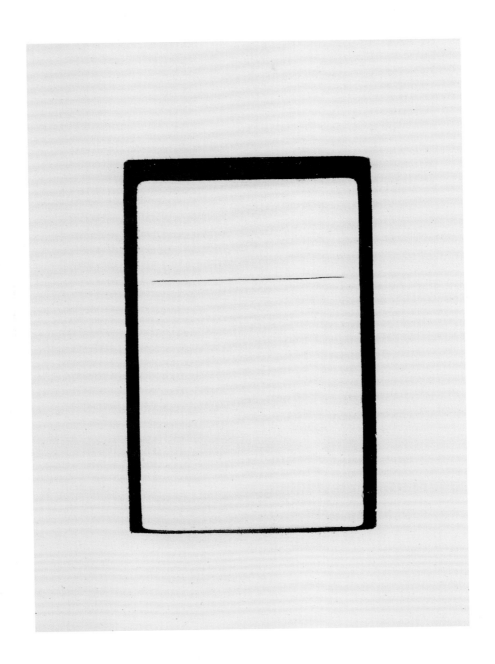

墨池砚

砚背民国元年（1912）十二月，吴昌硕铭。砚长 13.9 厘米，宽 8.7
厘米。

墨池砚（背）

【文】

墨池之珍，佐我文史。润比羚羊，细逾龙尾。灵气所种，近言子愚。此名得时，天下可理。石友属，昌硕铭，壬子嘉平月。

汲古砚

砚背民国元年（1912）冬至，沈汝瑾诗，冲友书。砚长 8.4 厘米，宽 7.9 厘米。

汲古砚（背）

【文】

汲古冯才管，心如辘轳转。老大惜分阴，何须愁日短。壬子冬至，石友属，冲友书。

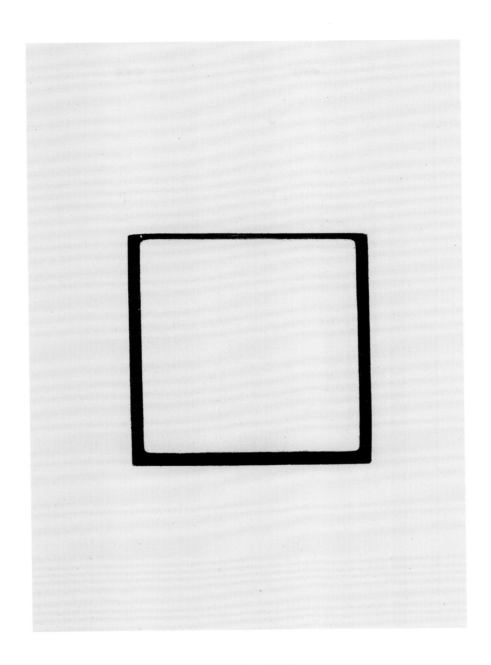

砥砺廉隅铭砚

砚背民国元年（1912）十二月，吴昌硕篆铭。砚长、宽均 9.2 厘米。

砥砺廉隅铭砚（背）

【文】

砥砺廉隅，石则有天，人则无吁。壬子十二月，昌硕篆。

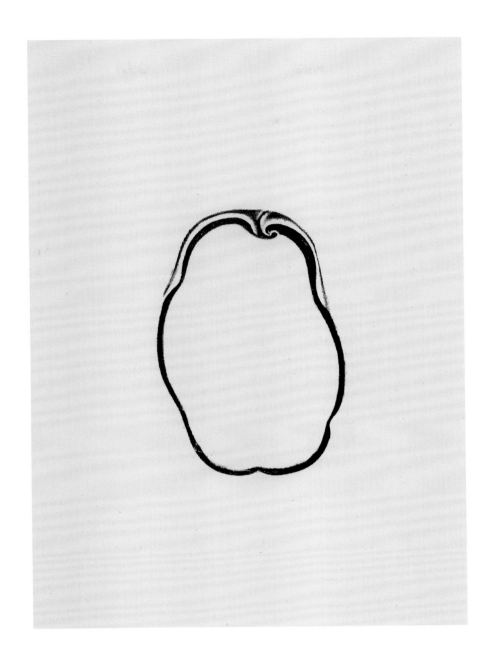

青莲花砚

砚背民国元年（1912），沈汝瑾诗。砚长 13.6 厘米，宽 9.2 厘米。

青莲花砚（背）

【文】

一片青莲花，佛说西来意。愿参书画禅，人人得妙谛。壬子，石友。

【印】

沈大。

精卫衔残砚

砚面及背民国二年（1913）正月，吴昌硕铭。砚长 13.2 厘米，宽 11 厘米。

【文】

精卫衔残。缶。

精卫衔残砚（背）

【文】

沧海难填，此胡为者。肤寸出云，可雨天下。石友属，昌硕铭，癸丑孟春。

【印】

缶。

康熙宸翰砚

砚背清康熙题字。两侧民国二年（1913）二月题记。砚长 10 厘米，宽 6.5 厘米。

【文】

当日赞纶扉，得自天上赐。泪滴玉蜍寒，于今是何世。

康熙宸翰砚（背、侧）

【文】

以静为用，是以永年。

此松花江石，出邑中蒋氏，盖赐砚也。癸丑仲春，石友题记。

【印】

康熙宸翰。

石交砚

砚面民国二年（1913）吴昌硕题字。砚背民国二年（1913）二月

十二日沈汝瑾铭。砚长 12.9 厘米，宽 16 厘米。

【文】

浑浑沦沦，文字真原。石友属铭，昌硕时年七十。

【印】

缶。

石交砚（背）

【文】

璞不雕，质琼瑶，伴书巢，真石交。癸丑花朝，石友。

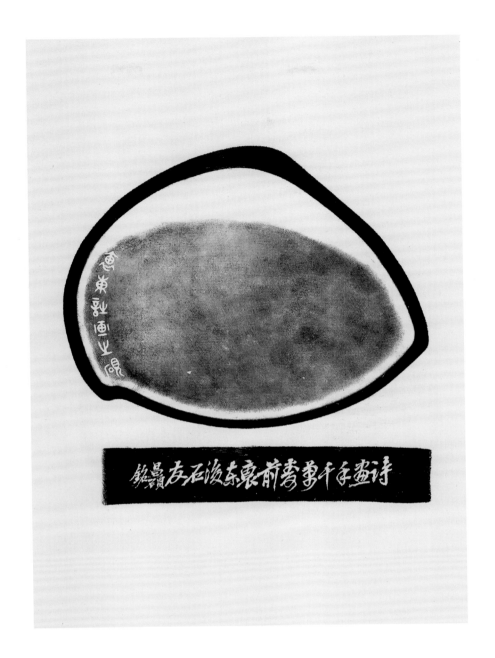

徐袖东诗画砚

砚面题字，砚背寿桃。砚上侧民国二年（1913）春，沈汝瑾题字。

下侧吴昌硕铭。砚长 15.8 厘米，宽 19.5 厘米，厚 3.1 厘米。

【文】

袖东诗画之砚。

诗画手，千万寿。前袖东，后石友。昌硕铭。

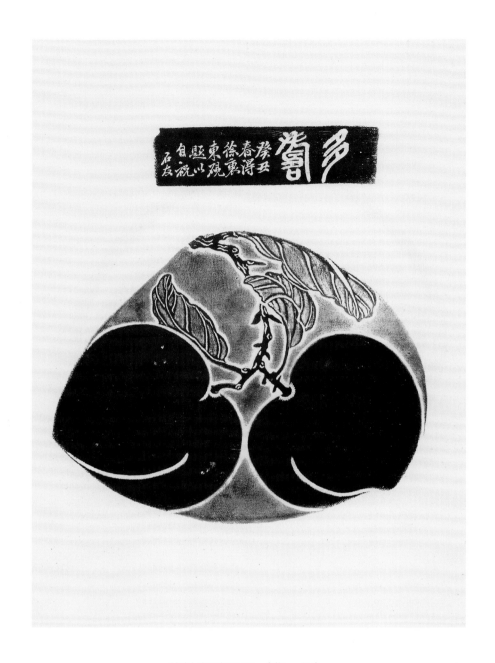

徐袖东诗画砚（背、侧）

【文】

多寿。癸丑春，得徐袖东砚，题以自祝。石友。

连环砚

砚背民国二年（1913）三月，吴昌硕诗。砚长 15.7 厘米，宽 10.4 厘米。

连环砚（背）

【文】

墨池起波涛，方寸宽渤澥。文心秒连环，宛转谁能解。癸丑三月，石友属，昌硕。

鹅群砚

砚背清乾隆五十九年（1794）十二月，黄易（小松）摹及阮元诗。左侧五十九年冬阮元识。右侧民国二年（1913）吴昌硕诗并记。下侧民国三年（1914）沈汝瑾诗并记。砚长 16.3 厘米，宽 9.6 厘米，厚 6.2 厘米。

【文】

独立仰天笑，不如鹅有群。谁书裙白练，我愿作羊欣。石友得此砚，和韵属书。可见当时士大夫耽翰墨、重然诺有如此者，不独摹刻之精绝也。癸丑冬至，安吉吴昌硕记。

年历百八十，岁逢三甲寅。虎难画真相，莺可结比邻。鸠鸠声犹在，砬砬质不磷。南溟化鹏去，贞石寿灵椿。此砚去刻时甲子三周矣，诗以寿之。是岁残腊，石友并记。

【印】

缶。

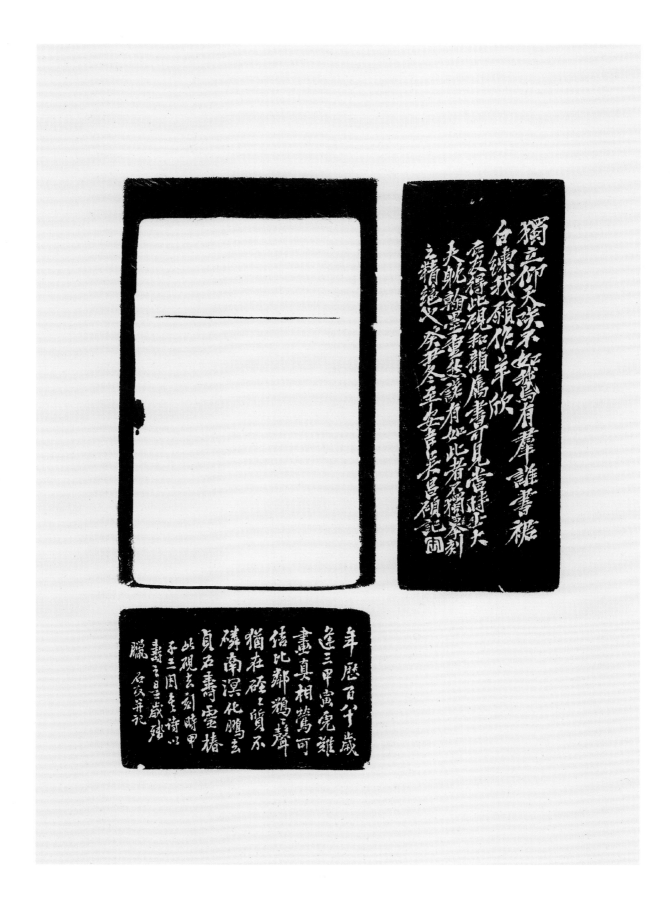

鹅群砚（背、侧）

【文】

换鹅人不作，空对此鹅群。笔冢墨池者，寓言良独欣。天池。

乾隆甲寅十二月，伯元属，黄易摹。

元得徐天池所藏《鹅群帖》，卷首画鹅，意态逼真。小松司马见而爱之，元曰能摹研背当奉赠，越日果持此砚来，其神采出天池上。盖天池所能小松能之，小松之能天池所不能耳。甲寅冬，阮元识于小沧浪。

【印】

小松。

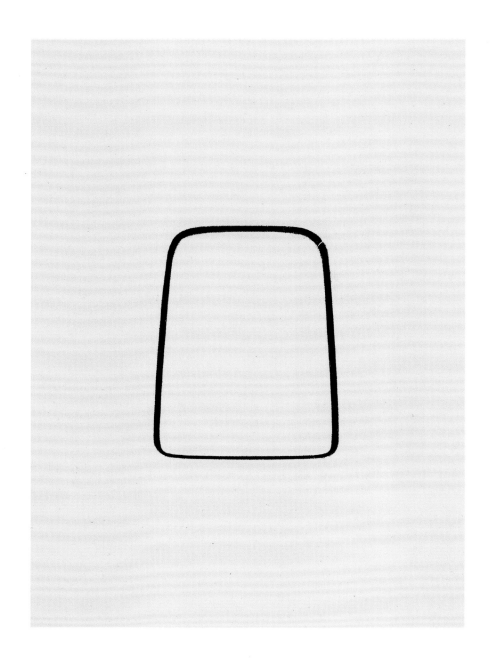

大同铭砚

砚背民国二年（1913）五月五日，吴昌硕铭。砚长 13 厘米，宽 9.8 厘米。

大同铭砚（背）

【文】

文明大同，是为君子之风。癸丑端午，石友属铭，昌硕。

听松亭长课诗砚

砚面吴昌硕题字。砚背民国二年（1913）十一月，吴氏铭。砚长17.4厘米，宽12厘米。

【文】

听松亭长课诗研。老缶。

【印】

俊。

听松亭长课诗砚（背）

【文】

是出河洛，秦火不焚。无文字处，中有至文。癸丑冬十一月，石友属，昌硕铭，时年七十。

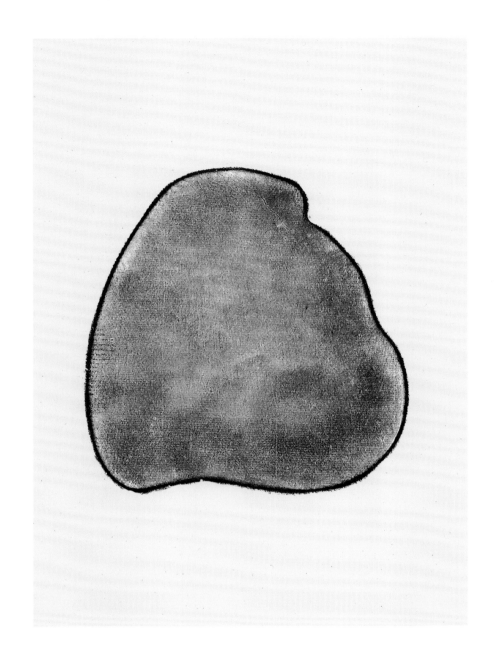

翠岩画砚

砚背瞿麟题名及民国二年（1913）元旦，沈汝瑾记。砚长11.2厘米，宽 10.3 厘米。

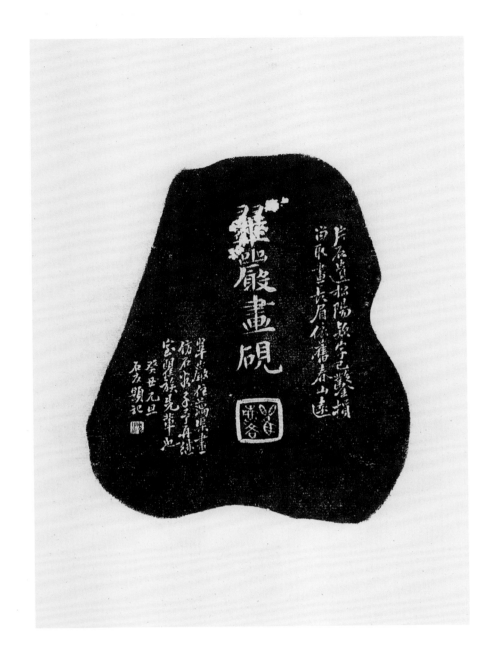

翠岩画砚（背）

【文】

翠岩画砚。片石遗松阳，款字已凿损。留取画长眉，依旧春山远。

翠岩住藕渠，画仿石谷子，予再继室瞿族先辈也。癸丑元旦，石友题记。

【印】

瞿□、沈。

学圃铭砚

砚面民国二年（1913），沈汝瑾铭。砚背白菜。砚长 15.6 厘米，宽 11.5 厘米。

【文】

时时述古，勤于学圃。癸丑，石友。

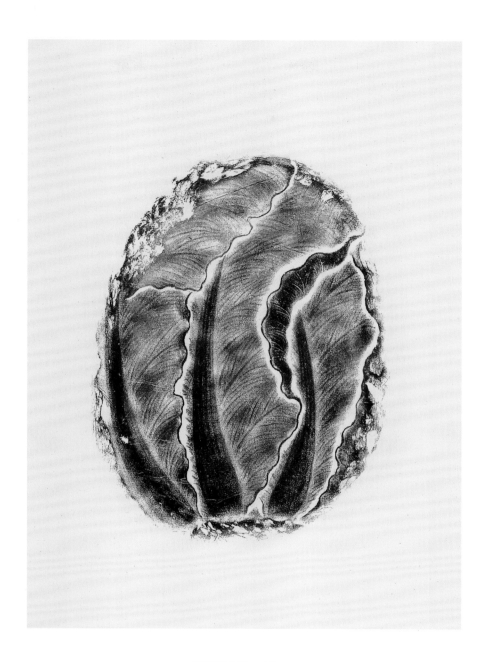

学圃铭砚（背）

佛像砚

砚面养浩铭，萧蜕（蜕庵）篆书。砚背民国三年（1914）二月

十二日吴昌硕绘佛像并赞。砚长 23.5 厘米，宽 17 厘米。

【文】

泰山一云，涌见豪端。诗禅妙相，坐破蒲团。养浩铭，蜕庵篆。

佛像砚（背）

【文】

参书画禅，现清净身，天空海阔，不着一庐，麦诸贞石磨而不磷。

甲寅华朝为钝居士写佛砚背，甚肖其形，并为之赞，安吉吴昌硕。

【印】

吴俊卿印、缶。

达摩面壁砚

砚面吴昌硕题字。砚背吴氏绘图并民国三年（1914）元日铭，沈汝瑾诗。砚长 20.6 厘米，宽 12 厘米。

【文】

烟云供养、老缶。

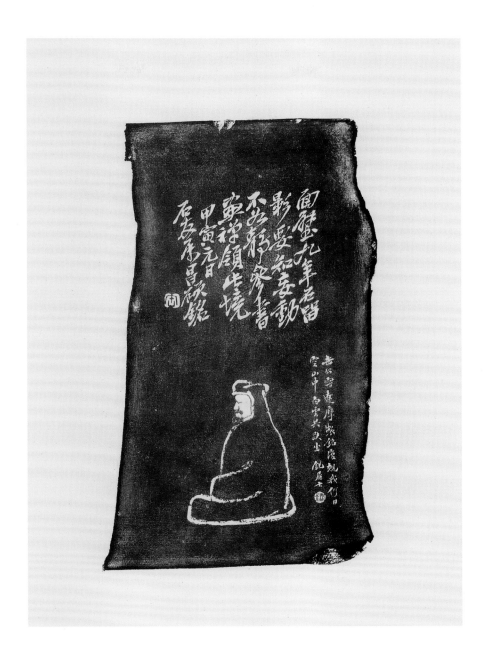

达摩面壁砚（背）

【文】

面壁九年石留影，要知妄动不如静，参书画禅领此境。甲寅元日，石友属，昌硕铭。

缶公写达摩，制铭复规我。何日空山中，白云共跌坐。钝居士。

【印】

缶、沈大。

龙黻砚

砚左侧沈汝瑾铭。右侧民国三年（1914）清明前三日，吴昌硕题字。

砚长 19.8 厘米，宽 12 厘米，厚 3.3 厘米。

【文】

龙黻研。甲寅清明前三日。石友属，吴昌硕。

【印】

缶。

龙黻砚（背、侧）

【文】

有文无质，遑论学术，吁嗟乎龙黻。石友。

【印】

沈。

龙黻砚（侧）

【文】

受益在谦，履道如砥。双眼恒青，观天下士。甲寅华朝，石友属，吴昌硕铭。

谦卦砚

砚背谦卦，明嘉靖十三年（1534）四月望后，文徵明书并跋，吴
鼏刻。面及左侧民国三年（1914）二月十二日，吴昌硕题字并铭。右
侧沈汝瑾诗。砚长 19.6 厘米，宽 13 厘米，厚 4.6 厘米。

【文】

离观。老缶。

嘉靖十有三年歲在甲午清和望後長洲文徵明篆于寶硯堂吳驥刻

谦卦砚（背）

【文】

谦，亨，君子有终。《彖》曰：谦，亨，天道下济而光明，地道卑而上行。天道亏盈而益谦，地道变盈而流谦，鬼神害盈而福谦，人道恶盈而好谦。谦，尊而光，卑而不可踰，君子之终也。《象》曰：地中有山，谦。君子以裒多益寡，称物平施。初六，谦谦君子。用涉大川，吉。《象》曰：谦谦君子，卑以自牧也。六二，鸣谦，贞吉。《象》曰：鸣谦贞吉，中心得也。九三，劳谦，君子有终，吉。《象》曰：劳谦君子，万民服也。六四，无不利，撝谦。《象》曰：无不利，撝谦。不违则也。六五，不富以其邻，利用侵伐，无不利。《象》曰：利用侵伐，征不服也。上六，鸣谦，利用行师，征邑国。象曰、鸣谦，志未得也。可用行师，征邑国也。

嘉靖十有三年，岁在甲午清和望后。长洲文徵明篆于宝砚堂，吴鼐刻。

【印】

徵明。

先公堂砚

【文】

先公党祸，顾义而喟，安得父子，农夫没世。每念斯言，求死无地，委身砚北，盖非初志。砚上有井，井上有牸，井改牸丧，此恨何既。姚江黄宗羲铭，语溪吕留良斫。

党锢祸连文字狱，斫轮老子碎游魂。可怜一片端溪玉，中有遗民旧泪痕。石公得此砚吟绝句属书。辛亥秋仲，劲草记，古泥刻。

千岁芝砚

左侧民国三年（1914）五月，吴昌硕铭，右侧题字。砚长 17.5 厘米，宽 11.9 厘米，厚 2 厘米。

【文】

千岁芝研。

千岁芝砚（背）

【文】

三足蟾，千岁芝，一朝化龙入墨池，骊珠探作记事诗。石友属，昌硕铭。时甲寅夏五月。

【印】

石友。

石友诗画砚

砚背民国三年（1914）四月，吴昌硕铭，右侧题字。砚长 15.4 厘米，
宽 9.7 厘米，厚 1.8 厘米。

【文】

石友诗画之研。

石友诗画砚（背）

【文】

胜万金，谁题此。天下士，不如尔。甲寅四月，吴昌硕。

【印】

俊、万金。

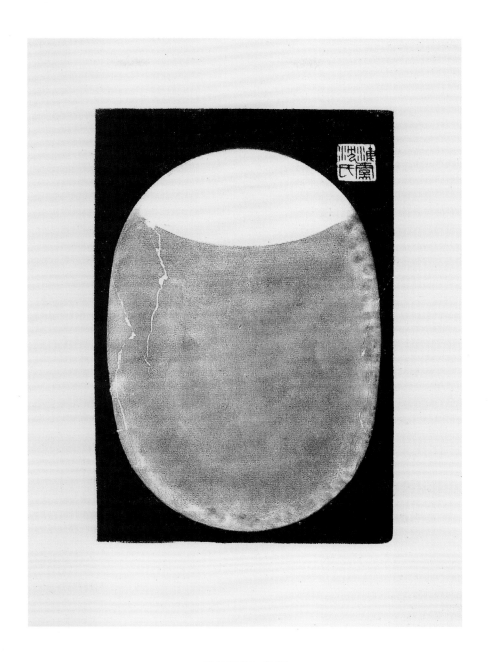

吴昌硕小像砚

砚背民国三年（1914）六月，吴昌硕自绘像并记，左侧沈汝瑾铭。

砚长 19.7 厘米，宽 13 厘米，厚 2.1 厘米。

【印】

海庐沈氏。

吴昌硕小像砚（背、侧）

【文】

缶庐自写七十一岁小像，甲寅六月。

行方智圆是端友，廉泉一勺千万寿，文字之交可长久。石友。

【印】

仓硕、沈。

甲寅夏五铭砚

砚背吴昌硕题。砚长 11.8 厘米，宽 8.6 厘米。

甲寅夏五铭砚（背）

【文】

石友得研方中矩，柔亦不茹刚不吐。岁当甲寅月闰五，祝君腕力健如虎，寿百龄兮名万古。昌硕。

紫琅玕砚

　　砚背民国三年（1914）八月十五，吴昌硕铭。右侧题字。砚长
13.1 厘米，宽 12 厘米，厚 2.2 厘米。

【文】

紫琅玕。

【文】

温其如玉，直节虚心。君子之德，著作之林。石友属，昌硕铭，时甲寅中秋。

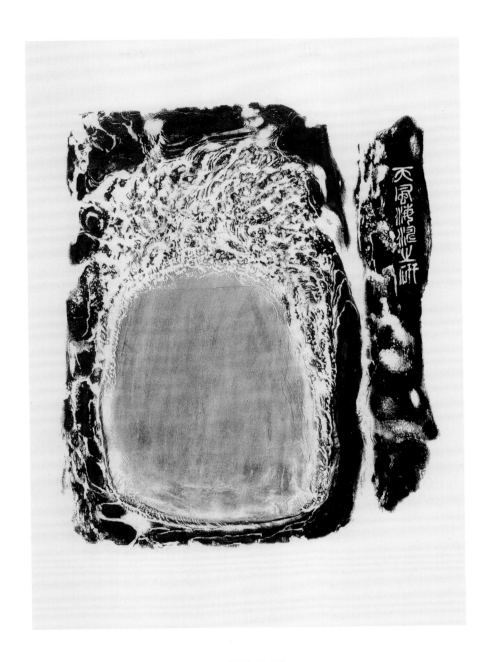

天风海涛砚

砚背民国三年（1914）七月，吴昌硕绘像并赞。右侧题字。砚长
24.8 厘米，宽 16.2 厘米，厚 4 厘米。

【文】

天风海涛之研。

天风海涛砚（背）

【文】

狂澜滔天，乘莲趁劫。学津指迷，现身说法。钝居士属写并赞，甲寅初秋，吴昌硕。

【印】

芷岩琢、海阳沈石友藏。

磨涅铭砚

　砚背民国三年（1914）八月，吴昌硕铭。砚长 12.2 厘米，宽 6.6
厘米。

磨涅铭砚（背）

【文】

任磨任涅，不失其节。甲寅中秋，石友属，昌硕铭，

【印】

缶。

濯足砚

　砚背张寅绘图。左、右、上侧民国三年（1914）七月俞铭并记。

下侧沈汝瑾记。砚长11.9厘米，宽8.3厘米，厚1.1厘米。

【文】

　山溪濯足翁，疑是松禅老。磨墨想高风，瓶庐遍秋草。拟公之貌，

感公之心，石友铭石，胜于铸金。銮再铭。

濯足砚（背）

【文】

张寅。

石友得此砚，吟绝句属书，砚象（像）甚似吾，舅为之怃然。甲寅七月，銮记。

三百年，预留此，鼎可移，像不毁。

【印】

石友、俞、□卿氏。

李是庵画像砚

砚背像为清代李因记。右侧沈汝瑾诗，萧蜕书。左侧民国三年（1914）十月，吴昌硕题字。砚长宽均 8.9 厘米，厚 1.5 厘米。

【文】

锥书倾城貌，词填点绛唇。玉蟾滴珠泪，少个比肩人。

石友口占属，蜕公书。

【印】

雪坡。

李是庵画像砚（背、侧）

【文】

手泽重光暗，回溯昔年情。绪绮楼深处，日日神仙侣，作画吟诗。笔墨生风雨。伊人去更谁怜汝，似落花无主。昔外子戏以锥画妾颜于研背，极神似，藏箧十五年，今日重睹，不觉泪下，画此曲记之。李因。

明女史李是庵画像研。甲寅十月，吴昌硕题。

【印】

缶。

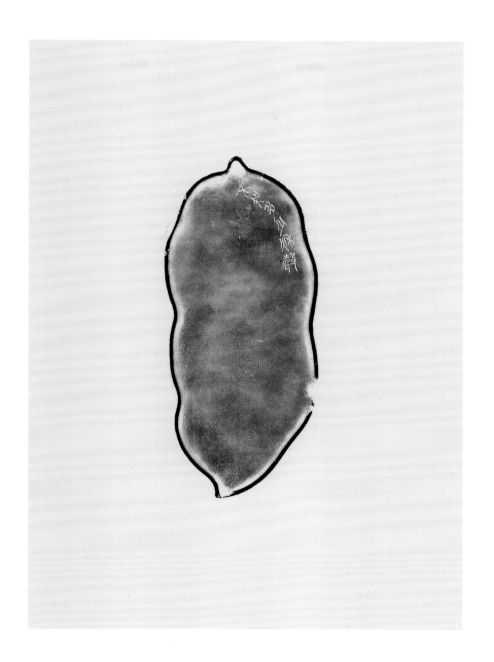

秋叶砚

砚背民国三年（1914）七月七日，吴昌硕诗。砚面题字。砚长 19
厘米，宽 8.1 厘米。

【文】

不知多少秋声。

秋叶砚（背）

【文】

新秋叶落秋风清，秋堂人静秋月明。墨磨秋水写秋声，秋心一点通仙灵。甲寅七夕，石友属，昌硕。

【印】

缶。

金孝章藏砚

砚背金俊明记。右侧民国三年（1914）十一月，吴昌硕铭。左侧沈汝瑾诗。砚长20.5厘米，宽12.8厘米，厚3.2厘米。

【文】

研德有五，铭亦千古，孝章写梅君接武。石友属铭，甲寅十一月，吴昌硕，时年七十又一。

【印】

缶。

金孝章藏砚（背、侧）

【文】

方中矩，直中绳，平中衡，大以正，安无倾。合此五德，端以之名。金俊明。

应铭此砚写寒梅，几度沧桑历劫来。名氏摧残重洗认，一般身世尚怜才。石友。

【印】

沈。

夔龙砚

砚背萧蜕铭。左侧民国三年（1914）冬，吴昌硕书，沈汝瑾铭。

砚长 13.7 厘米，宽 8.3 厘米，厚 3.2 厘米。

夔龙砚（背、侧）

【文】

吐凤雕龙，结绿冰紫。文质彬彬，如古君子。石友属，蜕铭。

夔龙集凤皇池，吁嗟此研不遇时。甲寅冬，石友铭，缶书。

石破天惊铭砚

左侧民国四年（1915）三月，吴昌硕铭。右侧沈汝瑾题字。砚长18.7 厘米，宽 12.4 厘米，厚 3.2 厘米。

【文】

石破天惊，我以诗鸣。石友。

【印】

沈。

石破天惊铭砚（背、侧）

【文】

如玉有莹，无伤翰墨，金瓯犹缺何况石。石友属铭，乙卯春暮（莫），
吴昌硕。

【印】

缶。

蒲衣一目砚

砚面题字。砚背沈汝瑾、砚叟及民国三年（1914）十二月，吴昌硕铭。砚长 16 厘米，宽 15 厘米。

【印】

蒲衣。

蒲衣一目砚（背）

【文】

蒲衣子，今不死，双眼犹能识奇士。石友属，昌硕铭，时甲寅岁杪。

鹤谷一目，文章满腹。砚叟铭。

目睛不转，勘破万卷。石友。

【印】

沈。

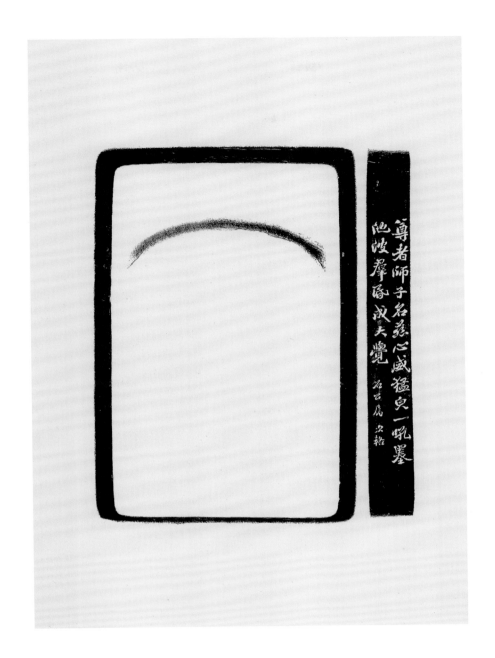

师子尊者像砚

砚背像及民国四年（1915）三月，吴昌硕铭。右侧俞钟銮（次格）

铭。左侧沈汝瑾铭。砚长 21.6 厘米，宽 14.4 厘米，厚 2.4 厘米。

【文】

尊者师子名，慈心威猛貌。一吼墨池波，群昏成大觉。石公属，次格。

师子尊者像砚（背、侧）

【文】

师子尊者。参文字禅，作狮子吼，儒释一贯，乐道多寿。乙卯春杪。
石友属铭，吴昌硕。

西方之人，勇猛精进。我侪勉旃，无荒学问。石友铭。

【印】

仓石、鸣坚白斋、沈、瑾。

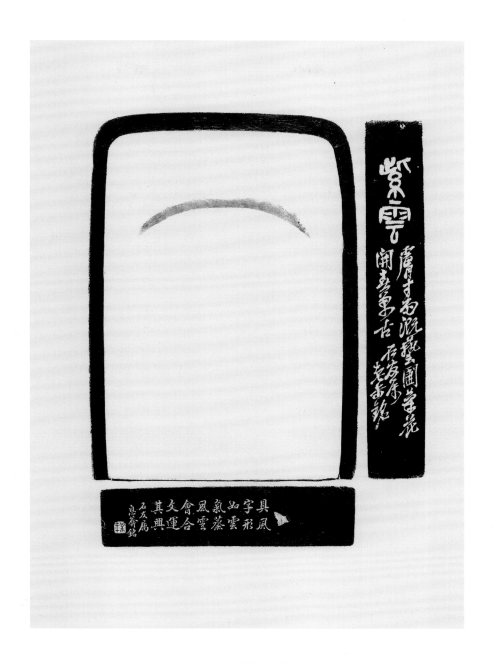

和轩氏紫云砚

砚背和轩氏、石友铭，右侧吴昌硕铭。左侧民国四年（1915）春，沈汝瑾诗。下侧邵松年铭。砚长 22.5 厘米，宽 15.7 厘米，厚 3.6 厘米。

【文】

紫云。肤寸雨，溉艺圃，菊花开，春万古。石友属，老缶铭。

具风字形，如云气蒸，风云会合，文运其兴。石友属，息庵铭。

【印】

□□年。

和轩氏紫云砚（背、侧）

【文】

紫云凝九渊，淋漓气常湿。裁割置蕉窗，犹疑风雨集。眼底见西江，何足当一吸。有时试挥豪，墨法八荒入。和轩氏研铭。

和轩铭砚辞豪隽，翰墨缘深我得之。书画未能夸腕力，八荒吞吐且吟诗。乙卯春，石友题。

【印】

海虞沈石友藏、沈。

记事珠砚

砚背民国四年（1915）四月，吴昌硕书，沈汝瑾铭。砚长14.3厘米，宽9.3厘米。

记事珠砚（背）

【文】

珠记事，钩钓诗。良工之意，唯吾知。石友铭属，老缶书，乙卯二月。

岱砚

砚背刻"泰"字。右侧民国四年（1915）夏，吴昌硕题字。左侧沈汝瑾诗。砚长 19.3 厘米，宽 12.1 厘米，厚 2 厘米。

【文】

岱研。乙卯夏，昌硕题。

岱砚（背、侧）

【文】

泰。

泰是吾小名，砚背真形凿。愧未学向平，游踪记五岳。石友。

【印】

沈。

龟蛇砚

砚背图，右侧民国四年（1915）春，吴昌硕书，沈汝瑾铭。左侧
吴氏铭。砚长 16.7 厘米，宽 11.1 厘米，厚 2.6 厘米。

【文】

藐兹鳞介，充塞世界。窃附文明，使吾长喟。石友铭，吴昌硕书，
时乙卯春。

龟蛇砚（背、侧）

【文】

世无麟凤，蛇将为龙，钩陈苍苍笔生风。昌硕为，石友又铭。

泊翁画莲砚

砚背题字。右侧朱因铭。左侧民国四年（1915）五月，吴昌硕书，沈汝瑾铭。砚长 14.2 厘米，宽 11.2 厘米，厚 1.8 厘米。

【文】

磨之不磨，磨之者磨。泊翁。

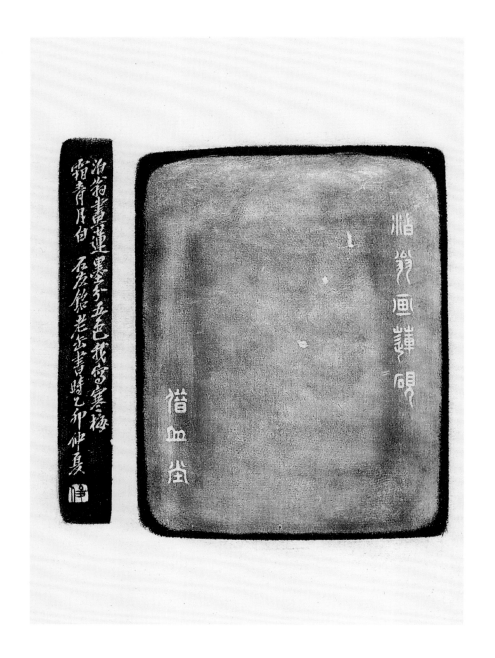

泊翁画莲砚（背、侧）

【文】

泊翁画莲砚。借山堂。

泊翁画莲，墨分五色。我写寒梅，霜青月白。石友铭，老缶书，时乙卯仲夏。

【印】

俊。

云月砚

砚面图、砚背明代李流芳（檀园）记。右侧民国四年（1915）四月，吴昌硕铭，左侧沈汝瑾铭。砚长 18 厘米，宽 11.7 厘米，厚 3.1 厘米。

【文】

明月皎皎云悠悠，檀园三绝传千秋。贞石一片如天球，五凤楼欹待尔修。石友属铭，乙卯四月杪，吴昌硕。

【印】

缶。

云月砚（背、侧）

【文】

月皎洁，云卷舒，文章变化实启予。檀园。

流云华月，万古丹宵。檀园与我，共此石交。石友铭。

【印】

五凤楼。

两罍轩主校书砚

右侧民国四年（1915）秋，吴昌硕记。左侧清吴大澂题字。砚长
18.6 厘米，宽 13.4 厘米，厚 2 厘米。

【文】

两罍轩主研。侧像窓斋题，石友今收得，愁将旧事提。乙卯秋，吴昌硕。

两罍轩主校书砚（背、侧）

【文】

两罍轩主校书之砚。大澂题。

廉隅铭砚

砚背民国四年（1915）夏，吴昌硕铭。砚长 11.8 厘米，宽 8.8 厘米。

廉隅铭砚（背）

【文】

守此廉隅方，不愧君子儒。石友属，昌硕铭，时乙卯夏。

兰陵片石砚

砚背清杨澥（龙石）铭。左、右侧均为民国四年（1915）冬，吴昌硕铭。砚长、砚宽均为8厘米，砚厚2厘米。

【文】

他山石，席上珍。磨不磷，身外身。乙卯冬，石友属，老缶铭。

【印】

石友。

兰陵片石砚（背）

【文】

质比美玉润而光，德并君子端且方，宜书宜画罔不臧，石友得所主萧郎。朗斋大兄属铭，龙石。

五石瓠砚

砚背民国四年（1915）秋，吴昌硕铭。砚长 10.2 厘米，宽 9.6 厘米。

五石瓠砚（背）

【文】

形如五石之瓠，安得载笔浮江湖。石友属，昌硕铭，时乙卯秋。

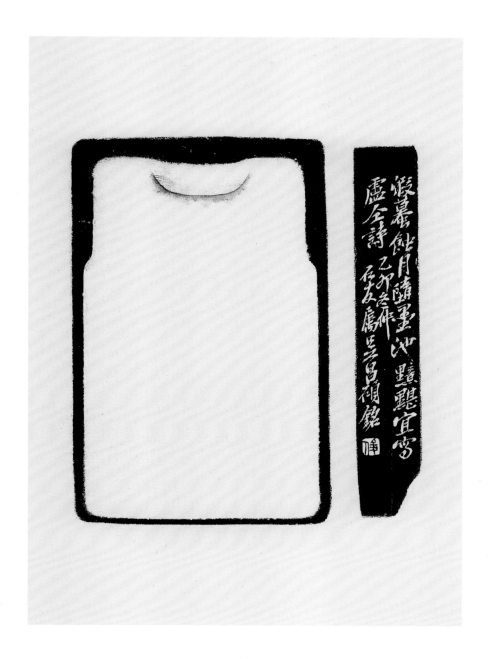

琢英砚

砚背清刘度铭。右侧民国四年（1915）十一月，吴昌硕铭。砚长
15.7 厘米，宽 10 厘米，厚 2.9 厘米。

【文】

虾蟆蚀月堕墨池，黯黯宜写卢仝诗。乙卯冬仲，石友属，吴昌硕铭。

【印】

俊。

琢英砚（背）

【文】

琢英元圃，濯景咸池。得玉蜍为借润分，羌文露其含滋。叔献铭为蓉村尊兄，清赏。

吕晚村藏砚

砚背吕氏书铭。下侧民国五年（1916）五月，吴昌硕铭。砚长

15.8 厘米，宽 16.5 厘米，厚 2.1 厘米。

【文】

耕此石田，吃墨亦饱。何必重言，饿死事小。丙辰仲夏，石友属铭，

老缶。

【印】

俊。

吕晚村藏砚（背）

【文】

张子谓余：吾辈今日，虽倒沟壑，有三种食，得之则生，决吃不得。请问其目：朱门上客，绿林中人及善知识，变相虽殊，不义则一，矫饰高名。苟且凡百，充类至尽。禽兽其实，我闻悚然，背浆流湿，屈指目前。几人未必，何以免此。其惟力穑，曰余不能。宁耕片石，子曰诗云。较胜请乞。卖画佣书，犹自食力。饿死事小，无忘砚侧。园表兄惜此铭为人持去，出佳石属重书之。耻斋。

【印】

留良。

鹅砚

砚背民国四年（1915）十一月，沈汝瑾铭，吴昌硕书。砚长11.5厘米，宽11.3厘米。

鹅砚（背）

【文】

养墨池，作文玩，自写黄庭不须换。乙卯岁十一月，石友铭，属吴昌硕书。

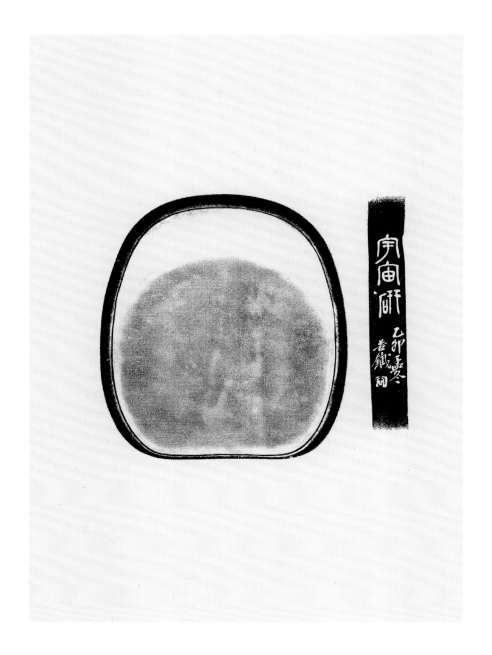

宇宙砚

砚背民国四年（1915）十月，沈汝瑾铭，吴昌硕书。右侧吴昌硕题字。砚长 15.1 厘米，宽 13.5 厘米，厚 2 厘米。

【文】

宇宙研。乙卯孟冬，苦铁。

【印】

缶。

宇宙砚（背）

【文】

上下千年，包罗万象，含豪邈然，发我遐想。乙卯十月，石友铭，
老缶书。

双眼湛秋水铭砚

砚背民国四年（1915）十一月，吴昌硕铭。砚长 10.3 厘米，宽 9.4
厘米。

双眼湛秋水铭砚（背）

【文】

双眼湛秋水，烂烂照文史。胜却离娄明，能识天下士。乙卯冬仲，石友属铭，吴昌硕。

松石砚

砚右侧民国四年（1915），吴昌硕铭。砚长 17 厘米，宽 9.5 厘米，厚 2.3 厘米。

【文】

烟云舒卷，当摹少温石□篆。石友属铭。时乙卯岁暮，吴昌硕。

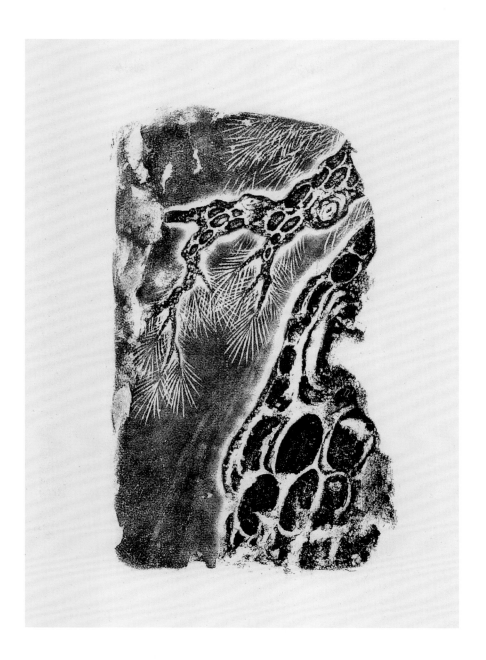

松石砚（背）

张东林魁砚

砚背张寅绘图。右侧清宣统三年（1911）五月，沈汝瑾书，惺斋书，钝金刊。右侧民国四年（1915），吴昌硕题字。砚长 14.6 厘米，宽 9 厘米，厚 3.1 厘米。

【文】

魁研。笔走风雷，文中之魁。乙卯，吴昌硕。

张东林魁砚（背）

【文】

虞山东村张寅。

五色云根不易求，神工鬼斧尽雕锼。偶然拾得山斋供，应有虹光耀斗牛。辛亥夏五，石友题，惺斋书，钝金刊。

【印】

□卿氏。

傅青主真手砚

砚背明傅山（朱衣道人）铭。右侧民国四年（1915）冬，吴昌硕铭。
左侧沈汝瑾铭。砚长 15.2 厘米，宽 8.8 厘米，厚 2.8 厘米。

【文】

傅青主先生真手砚。阳曲乔梓善书画，真手千年同不坏，土穴应占
肥遁卦。石友得此砚属铭，乙卯冬，吴昌硕年七十二。

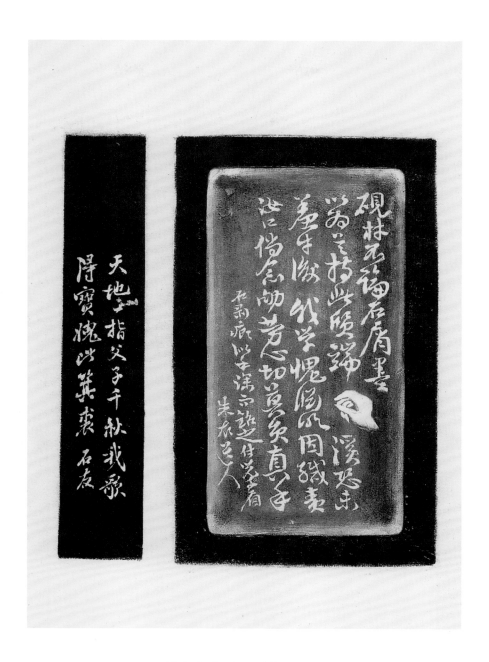

傅青主真手砚（背、侧）

【文】

砚材不论石，屑墨以为首。持此质端溪，恐未羞牛后。我学愧渊明，因缄责汝口。倘念劬劳心，切莫负真手。石剥痕似手涂而铭之，付□子□，朱衣道人。

天地一指，父子千秋。我歌得宝，愧此箕裘。石友。

友端铭砚

砚背民国五年（1916）立夏一日，沈汝瑾铭，吴昌硕书。砚长
12.9厘米，宽8.3厘米。

友端铭砚（背）

【文】

修辞尚洁，取友必端，我非元结亦恶圆。丙辰先立夏一日，石友铭，吴昌硕书。

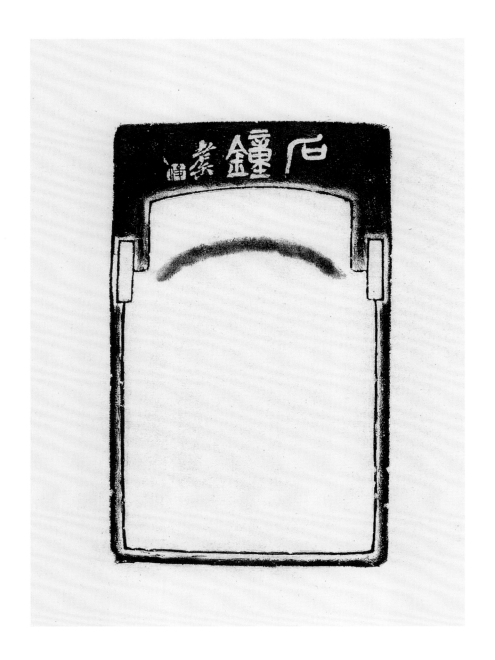

石钟砚

砚背张坤文，砚面吴昌硕题字。左侧民国五年（1916）正月七日吴氏铭。砚长 17.2 厘米，宽 10.5 厘米，厚 2.9 厘米。

【文】

石钟。老缶。

【印】

俊。

石钟砚（背、侧）

【文】

柯筠赏。

夫音乐之兴也，而钟音之器也。小者不窕，大者不槬，则和于物。物和则嘉成。故和声入耳而藏于心，心亿则乐。按周鬲，方尺、深尺而圜其外，积实所容与黄钟合，其音宫，其器大镛也，故以左氏成语铭焉。乙亥长至前五日，为乾九年道翁博粲，云间弟张坤撰。

出入宫商，不屑谱郊祀之乐章。丙辰人日，石友属铭，七十三叟吴昌硕。

【印】

大雅。

席珍砚

　　砚背员乔跋。左侧民国五年（1916）四月一日，吴昌硕铭。砚长

14 厘米，宽 9.7 厘米，厚 1.9 厘米。

席珍砚（背、侧）

【文】

形潜乎窟穴。性敦乎凛烈。质端方且廉洁。千载而下仰其品节。题奉栎人先生粲正，员乔跋。

端方廉洁，以石喻人，德必有邻。席上之珍。石友属铭，丙辰四月朔，吴昌硕。

【印】

俊。

鳝黄鲤赤砚

砚背清许友铭。右侧民国五年（1916）六月，吴昌硕铭。砚长
17.8 厘米，宽 13.2 厘米，厚 2.9 厘米。

【文】

娲炉上炼抟人余。发挥三绝诗画书。鳝黄鲤赤金石寿。文采风流怀
米友。石友属铭，丙辰夏季，安吉吴昌硕。

鳝黄鲤赤砚（背）

【文】

鳝黄鲤赤，陶澄之德，佐我挥豪墨五色。

【印】

许友。

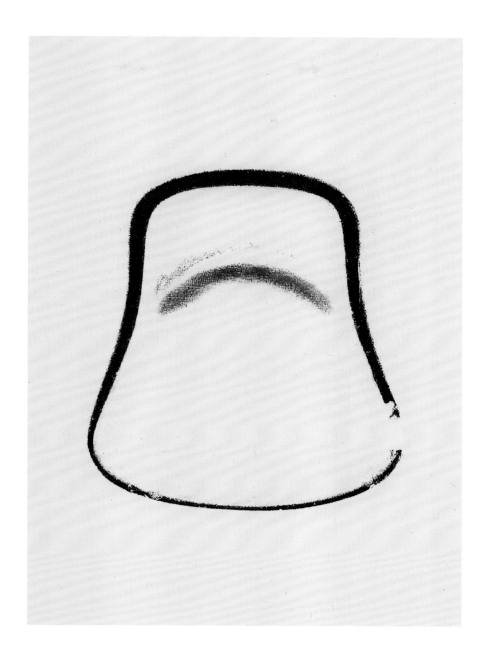

写天籁砚

砚背民国五年（1916）夏，沈汝瑾铭，吴昌硕书。砚长 11.2 厘米，宽 10.1 厘米。

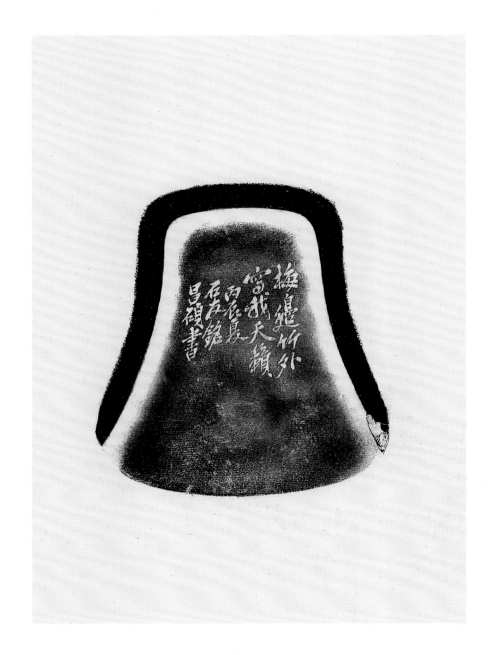

写天籁砚（背）

【文】

梅边竹外，写我天籁。丙辰夏，石友铭，昌硕书。

游龙砚

砚背清代许友铭及民国五年(1916)五月,吴昌硕铭。砚长18厘米,
宽16.1厘米。

游龙砚（背）

【文】

有介人中龙，笔制风云裂。遗研结神交。诗书画三绝。石友属。吴昌硕铭。时丙辰长夏。

夭矫游龙，嘘气成云。见我砚田，恶岁不逢。有介。

【印】

许友、米友堂。

洛神像砚

　　砚背民国五年（1916）四月一日，吴昌硕绘图，左侧沈汝瑾诗，右侧吴氏记。砚长 20.6 厘米，宽 13.9 厘米，厚 3 厘米。

【文】

托意陈思赋，传神大令书。姮娥差可比，长伴玉蟾蜍。石友属，吴昌硕。

【印】

俊。

洛神像砚（背、侧）

【文】

丙辰四月朔，昌硕写。

真研不损，像刻婵娟。惊鸿倩影，入我豪端。石友。

【印】

缶。

玄圭砚

砚背民国五年（1916）夏，吴昌硕题字。右侧吴氏书，沈汝瑾铭。

左侧明末清初王时敏诗。砚长13厘米，宽8.3厘米，厚2厘米。

【文】

玄圭是锡，旧封即墨。前归仲山后烟客，人不如尔寿金石。石友铭，

昌硕书，时丙辰夏。

玄圭砚（背）

【文】

玄圭。丙辰夏，老缶琢。锡山王氏仲山永用。

作画白玉堂，娱亲寄远方。摩心与磨墨，及我几沧桑。时敏。

赵苍露诗虎砚

砚背民国五年（1916）五月，吴昌硕题字。左侧吴氏铭。右侧沈

汝瑾铭，同升诗。砚长 15.5 厘米，宽 11.5 厘米，厚 2.9 厘米。

【文】

疏劲武陵气如虎，赵研刘铭共千古。石友。

不当关市跧研田，眈眈六合饮寒泉，助攻奸佞叱云烟。苍霖年兄一晒，

同升。

【印】

沈。

赵苍露诗虎砚（背、侧）

【文】

诗虎。石友属题，时丙辰端午，昌硕。

眈眈艺圃，雄砚千古，安得草檄驱狐鼠。老缶又铭。

括无咎砚

砚背民国五年（1916）五月，吴昌硕铭。砚长18.3厘米，宽13厘米。

括无咎砚（背）

【文】

千秋文献括无咎，谁其用之沈石友。丙辰仲夏，吴昌硕铭。

高江村信天巢砚

砚背刻高士奇铭。左侧民国五年（1916）六月，吴昌硕诗。右侧沈汝瑾诗。砚长 17 厘米，宽 11.5 厘米，厚 2.5 厘米。

【文】

砚藏信天巢，诗著随辇集。恩遇说康熙，玉蟾滴如泣。石友。

【印】

沈。

高江村信天巢砚（背、侧）

【文】

侯女即墨，封女万石。以女为田，可以逢年。江村高士奇，信天巢藏。

铭署江村体八分，旧封研亦说承恩。星移物换乾坤老，莫问当年帝制尊。石友属题，丙辰夏六月，吴昌硕。

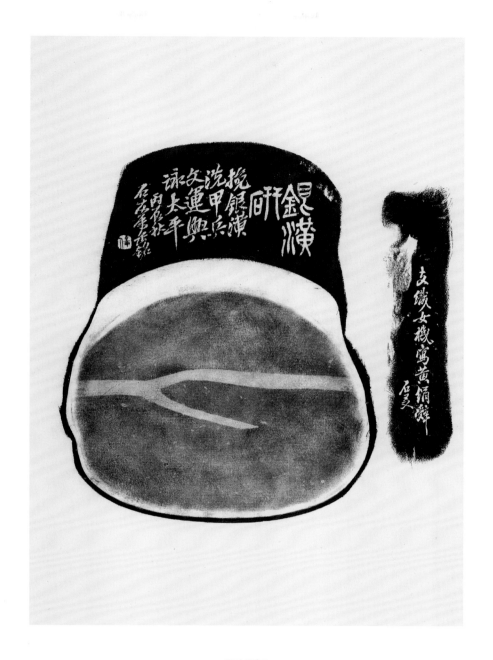

银潢砚

砚面民国五年（1916）秋，吴昌硕题字并铭。砚背刻清康熙二十年（1681）潘耒、林佶、高层云等跋和诗。右侧沈汝瑾铭。砚长19.7厘米，宽15.7厘米，厚3.3厘米。

【文】

银潢研。挽银潢，洗甲兵，文运兴，咏太平。丙辰秋，石友属，缶铭。支织女机，写黄绢辞。石友。

【印】

俊。

银潢砚（背）

【文】

沐日浴月，孕兹灵石。其象文明，光联奎壁。康熙辛酉秋，为瑁湖先生题。潘耒。

眉月晻精，明河倒影。天风泠然，文澜千顷。林佶。

银潢倒泻雪浪翻，明星耿耿辉文昌，濡毫落墨蛟龙翔。此予辛酉北上时维扬道中所获研也，瑁湖先生见而爱之，爰缀以铭而赠焉。高层云。

【印】

虞山沈石友藏。

水火既济砚

砚背民国五年（1916）八月，吴昌硕铭。砚长20厘米，宽11.9厘米。

水火既济砚（背）

【文】

水火既济，式玉式金。万象待写，千秋在襟。石友属铭，丙辰秋仲，吴昌硕。

【印】

仓硕。

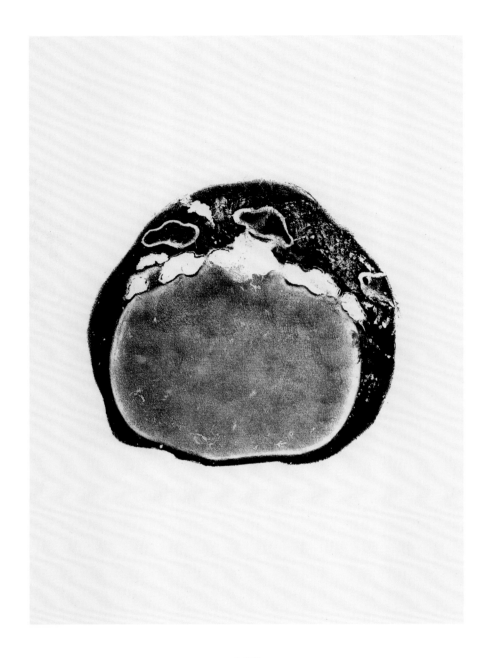

师砚

砚背民国五年（1916）七月，吴昌硕铭。砚长 15.7 厘米，宽 16.2 厘米。

师砚（背）

【文】

师研。神狮御风日千里，文明进化当视此。丙辰秋七月，石友属，
老缶铭。

【印】

老缶。

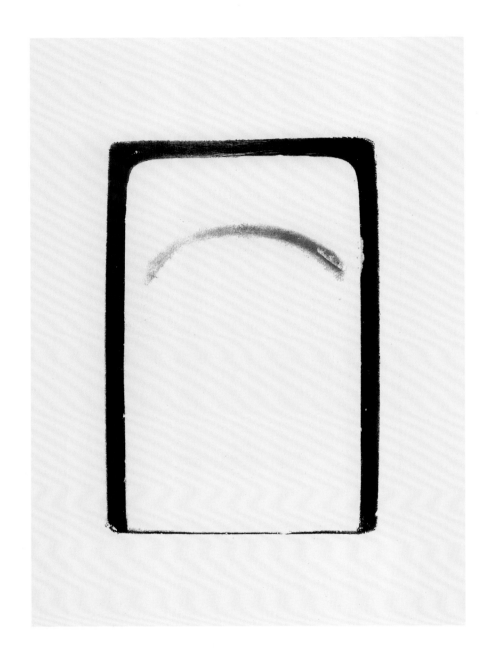

曾国藩藏砚

砚背曾氏铭。左侧民国五年（1916）八月，沈汝瑾铭，吴昌硕书。

砚长 17.5 厘米，宽 11.6 厘米，厚 2.3 厘米。

曾国藩藏砚（背、侧）

【文】

坡珍石损，行亚圭瑛，泡露移云，阙还补衮。国藩。

丹心照汗青，文正昔年铭。衮职今谁补，归于野史亭。丙辰仲秋，石友得此研口占，属老缶书。

【印】

曾。

运斤成风铭砚

砚背民国五年（1916）八月，吴昌硕铭。砚长 19.6 厘米，宽 16.3 厘米。

运斤成风铭砚（背）

【文】

风以顺行斧刚断，运斤成风灵在腕。日月光华日复旦，传世文章石不烂。丙辰中秋，石友属，吴昌硕铭。

【印】

俊。

澄泥八角砚

砚背民国五年（1916）十二月，吴昌硕铭。砚长 13.1 厘米，宽 13 厘米。

澄泥八角砚（背）

【文】

　　土德玉同润，炎精星吐芒。若为南宋制，应人奉华堂。丙辰嘉平月，石友属，昌硕题。

春水绿波砚

砚背民国五年（1916）九月，吴昌硕题字并铭。右侧题字。砚长20厘米，宽7.6厘米，厚1.4厘米。

【文】

春水绿波研。

春水绿波砚（背）

【文】

活泼泼地行文乐事。此歙研文理致佳，宋坑奇品。丙辰季秋，石友属题并铭，安吉吴昌硕。

【印】

缶。

冬井玉虹砚

砚左侧清道光二十三年（1843）十月，傅濚孙题字并跋。右侧民国五年（1916）秋，吴昌硕铭。砚长 16.8 厘米，宽 12.4 厘米，厚 4.4 厘米。

【文】

玉虹腾光。修绠汲古，千秋片石传艺圃，五色炼之天可补。石友属铭，丙辰秋，吴昌硕。

冬井玉虹砚（背）

【文】

东井玉虹。

得此砚尔始生，尔今一岁为尔铭，尔其宝之显文名。道光癸卯良月旬有八日，碧翁傅澹孙。

【印】

碧山。

张文敏藏砚

砚右侧民国五年（1916）十二月，吴昌硕铭。砚长 17.7 厘米，宽 13.2 厘米，厚 4.2 厘米。

【文】

玉纽已似金瓯缺，文敏文房此长物，霜夜钞书眼如月。丙辰残腊，石友属铭于海上癖斯堂中。

【印】

俊。

张文敏藏砚（背、侧）

【印】

张坤厚藏、得天。

蕉绿樱红砚

砚背清吴嘉谟（蕙轩）铭。左侧民国五年（1916）十二月，吴昌硕铭。右侧题字。砚长 13.5 厘米，宽 10.6 厘米，厚 2.1 厘米。

【文】

蕉绿樱红之研。

蕉绿樱红砚（背、侧）

【文】

玉以比德，君子是式。蕙轩。

试生华笔，和竹山词。韶华不老，春在墨池。石友属，老缶铭，时
丙辰十有二月。

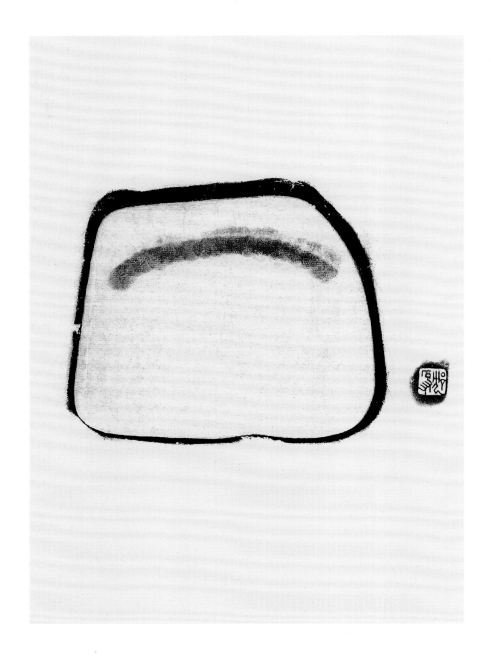

抟人余土砚

砚背吴丹姬书、沈汝瑾铭及民国六年（1917）春吴昌硕铭。砚长
13.3 厘米，宽 11.4 厘米。

【文】

抟人余土砚。

【印】

沈石友。

抟人余土砚（背）

【文】

抟人余土，元气万古。河岳之精，图书之府。丁巳春为钝居士铭，老缶。

斯文未丧，土德宜王。钝丈得古澄泥砚制铭命书。丹姬。

【印】

吴。

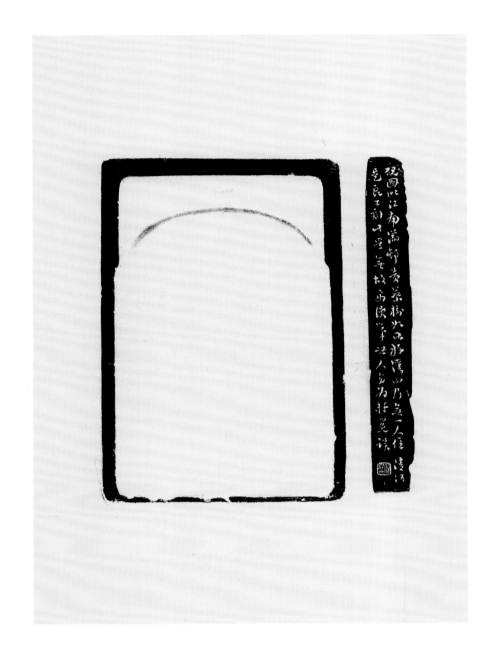

黄叶砚

砚背图左侧沈汝瑾诗，吴昌硕书。右侧清代徐枋（俟斋）题跋。

砚长 14.8 厘米，宽 10 厘米，厚 1.7 厘米。

【文】

砚图似江南，满村黄叶树。如此好溪山，乃无一人住。清河是良工，刻此岂无故。安使举世人，勿为轩冕误。

【印】

□□

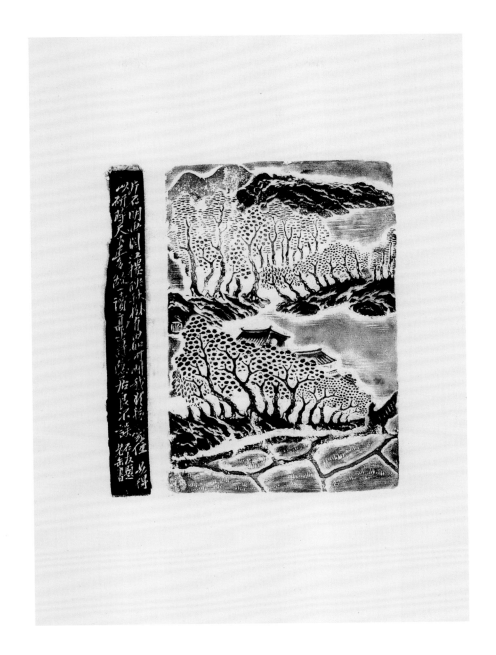

黄叶砚（背、侧）

【文】

片石开画图，江楼映秋树。有田如可耕，我欲移家住。宜得此研时，天下正多故。一读高士诗，隐居良不误。石友题，老缶书。

杜甫像砚

砚背像及文武亿题记。左侧民国六年（1917）五月五日，吴昌硕

题诗。砚长 21.1 厘米，宽 13.8 厘米，厚 2.1 厘米。

【印】

沈石友藏。

杜甫像砚（背、侧）

【文】

予藏工部像三，两坐一行吟，而行吟者面目独异，为成化中杜董摹于工部祠中，北平翁学士方纲见之谓真像。记其目经各家所藏百数十言，复手摹一本去。乾隆六十年秩八月，为江君秬香重书晋任城太守夫人孙氏碑。后因赠宋人所书杜少陵年谱一册，首页画像得推搞意，与予藏行吟者虽大小悬殊，而豪颊无少别，思勒之研背，而奚君铁生适至，欣然任椓镌，为之狂喜。他日翁学士见此研像，当不知复作何语也。偃师武亿记。

少陵像镌鹤渚手，虚谷作记低徊久。课时较碑无量寿，如见乾嘉金石友。钝居士属，丁巳端午，吴昌硕，时年七十有四。

【印】

武氏金石。

竹垞藏砚

砚背清末朱彝尊（竹垞老人）铭。右侧吴昌硕铭。砚长 21.9 厘米，宽 9.8 厘米，厚 1.5 厘米。

【文】

朱张之后，归我石友，翰墨千秋同不朽。安吉吴昌硕铭。

【印】

清仪阁藏。

竹垞藏砚（背）

【文】

质薄气润，千秋方寸。竹垞老人。

【印】

朱。

花蒂砚

砚长 12.2 厘米，宽 10 厘米。

【文】

计。

花蒂砚（背）

圭璋砚

砚面吴昌硕铭。砚背清康熙四十六年（1706）春，林佶题记，沈汝瑾铭。砚长 20.7 厘米，宽 14.7 厘米。

【文】

如圭如璋，登著作之堂。石友属，昌硕铭。

【印】

缶。

圭璋砚（背）

【文】

吾愿结屋南山巅，枕书不读眠看天。得尺蹏纸图云烟，千峰萝薜万

壑泉。丁亥春，林佶。

圭璋之品，吉人之辞。石友。

【印】

林、佶。

方坦庵藏砚

　　砚背清仿供乾观款，左侧沈汝瑾题记。右侧民国四年（1915）夏，吴昌硕铭。砚长 20.7 厘米，宽 13.4 厘米，厚 4.7 厘米。

【文】

　　云霞髓结龙宾香，坦庵旧赏石友藏。腹中空洞纳八荒，待作雅颂歌明堂。乙卯夏，吴昌硕，老缶铭。

方坦庵藏砚（背、侧）

【文】

坦庵珍赏。

象离中虚，文明有自。佐桐城方，著作大利。归我研林，万言可试。如见坦庵，便便腹笥。石友。

【印】

桐城方氏藏。

张芙川藏砚

砚侧张蓉镜铭，砚背石友铭。砚长 20.7 厘米，宽 13.4 厘米，厚 4.7
厘米。

张芙川藏砚（背、侧）

【文】

资质温润，缜密可喜，此邦之彦也。戊辰春二月，书于西村草舍。

邦之彦不可见，温润缜密惟有砚，谁策治安天下晏。石友属，昌硕铭。

【印】

观、浦。

龙鳞砚

砚背赵子梁琢并字，砚长 16.1 厘米，宽 11.5 厘米。

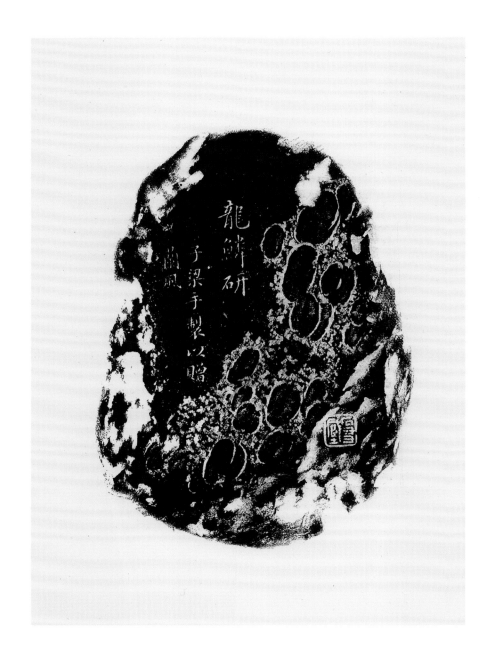

龙鳞砚（背）

【文】

龙鳞研。子梁手制以赠。兰风。

【印】

石友藏。

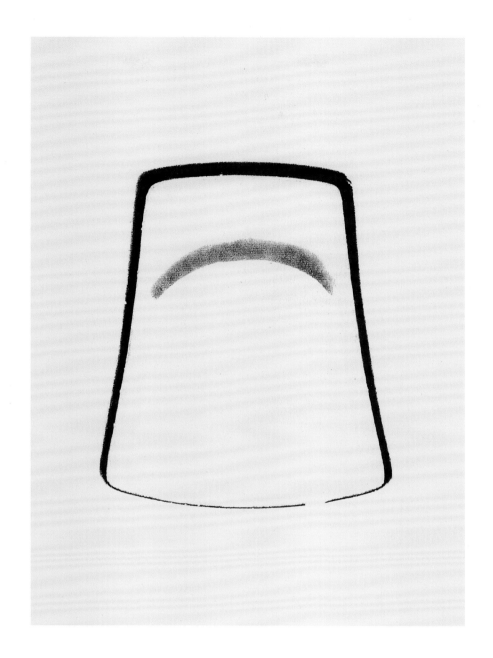

沈石艻像砚

砚背沈荣绘像并字，清光绪二十九年（1903）冬，沈汝瑾记。砚

长 12.8 厘米，宽 10.3 厘米。

沈石芗像砚（背）

【文】

石芗自写五十二岁像。

沈石芗名荣，苏州人。善画牡丹，人呼为"牡丹沈郎"。此其遗砚也。
癸卯冬，石友记。

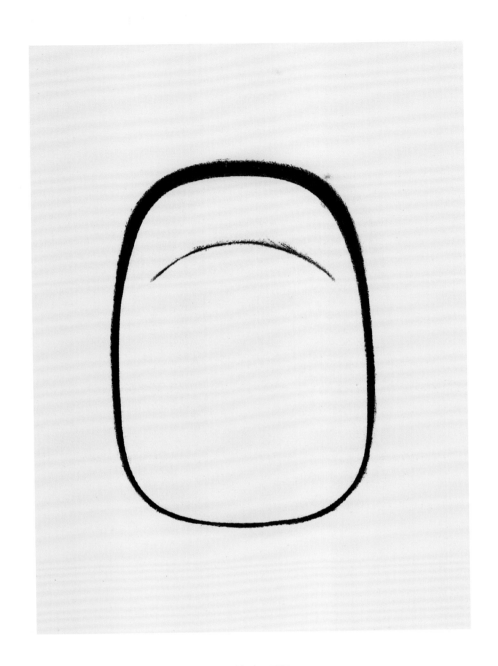

杨藐叟题砚

砚背杨藐叟题记。砚长 13 厘米，宽 8.9 厘米。

杨藐叟题砚（背）

【文】

爽气洗山绿，奇怀猎天葩。藐叟为公周题。

篆在月明楼砚

砚背翁同龢诗。左侧沈汝瑾和诗。砚长 19.1 厘米，宽 12.5 厘米，厚 3.2 厘米。

【印】

篆在月明楼。

篆在月明楼砚（背、侧）

【文】

烟云笔下收，近水见高楼。人说诗书画，山林第一流。公周词兄属题。
松禅翁同龢。

墨迹世争收，公游白玉楼。人心笔难挽，日逐海西流。石友和均。

【印】

叔平、沈大。

方寸砚

砚背吴昌硕铭。砚长 10.5 厘米，宽 7.2 厘米。

方寸砚（背）

【文】

区区方寸，文明变化。遇时善用，可利天下。石友属，俊卿。

沈石友课诗砚

砚面朱稼翁书沈汝瑾铭。砚背吴昌硕铭。砚长 11.8 厘米，宽 7.4
厘米。

【文】

长松阴，写我心，何求乎知音。石友课诗研，稼翁书铭。

沈石友课诗砚（背）

【文】

时不遇，奈尔何。七哀诗，五噫歌。石友属，俊卿。

【印】

缶。

松禅铭砚

左侧吴昌硕铭，赵石（古泥）刻。右侧翁同龢诗。砚长 14.7 厘米，宽 9.2 厘米，厚 5.6 厘米。

【文】

凿破万古鸿濛天，元气亭育秋豪颠。一扫沧海澄风烟，山川穆穆羲皇前。

松禅。

【印】

翁。

松禅铭砚（背、侧）

【文】

习于儒不逃墨，中象离发明德。石友属，老缶铭，古泥刻。

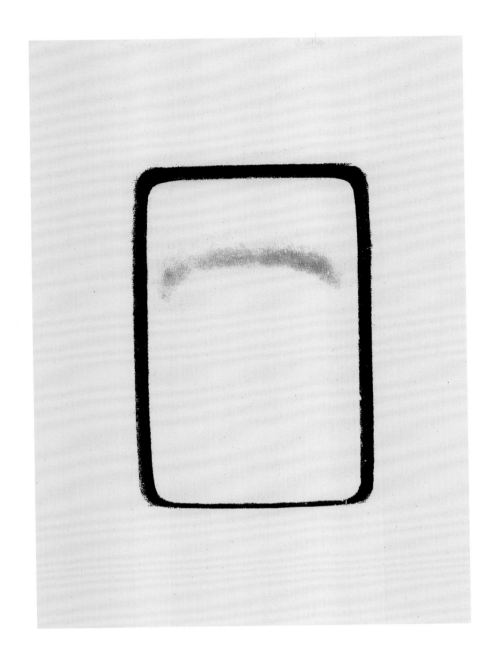

番腹砚

砚背吴昌硕铭。砚长 11.7 厘米，宽 7.7 厘米。

番腹砚（背）

【文】

番其腹，吐珠玉。石友属，昌硕铭。

罗浮古春砚

砚面萧蜕篆书铭，砚背图及吴昌硕诗。砚长18.9厘米，宽15.5厘米。

【文】

端溪片云，罗浮古春。元气一壶，炼冰雪文。石友属，萧蜕铭。

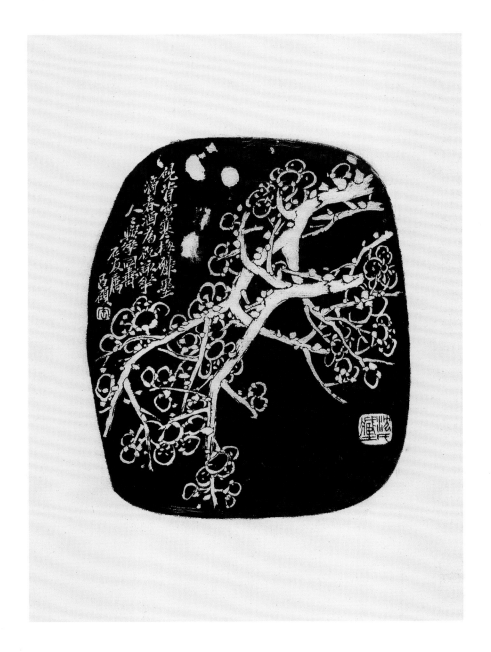

罗浮古春砚（背）

【文】

砚背写寒梅，磨墨滴春酒。为祝咏华人，人与华同寿。石友属，昌硕。

【印】

沈氏藏、缶。

大自在铭砚

砚背盅友铭。砚长 9.8 厘米，宽 6.8 厘米。

大自在铭砚（背）

【文】

宋玉小言，亦可千载。方寸之中，有大自在。石友属，盎友铭。

集玉版十三行题砚

砚右侧劲草诗。砚长 13.1 厘米，宽 8.8 厘米，厚 2.2 厘米。

【文】

铭集十三行，妩媚出规矩。如见洛川神，采珠拾竿羽。如石友先生属，劲草题。

集玉版十三行题砚（背）

【文】

美匹明琼，达我心声。和神静志，感通众灵。

墨海潮音砚

砚背吴昌硕铭。砚长 14.6 厘米，宽 11.3 厘米。

墨海潮音砚（背）

【文】

莛撞以笔，声宣在心。大千警觉，墨海潮音。石友属，昌硕铭。

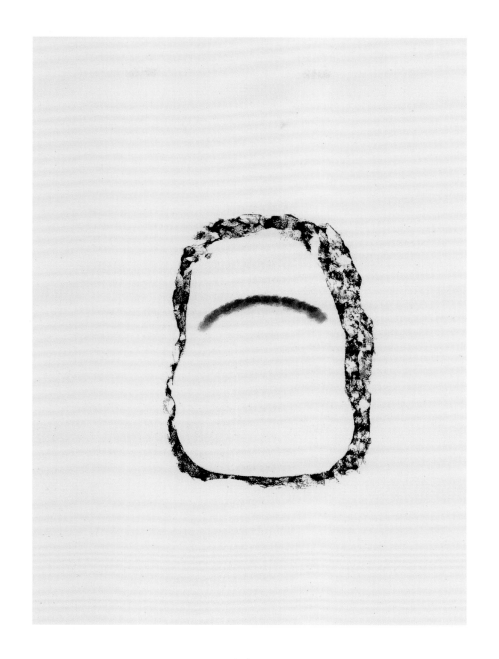

岁寒砚

砚背沈汝瑾铭，砚长 15 厘米，宽 11.6 厘米。

岁寒砚（背）

【文】

磊磊落落似奇士，可共岁寒修野史。石友。

【印】

沈。

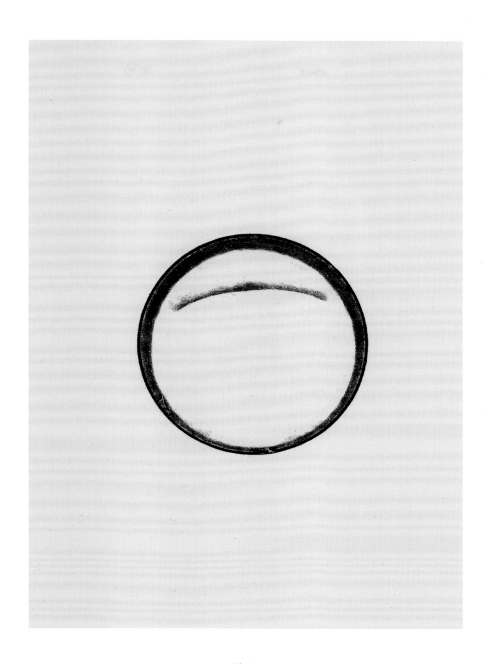

镜砚

砚径 11.5 厘米。

镜砚（背）

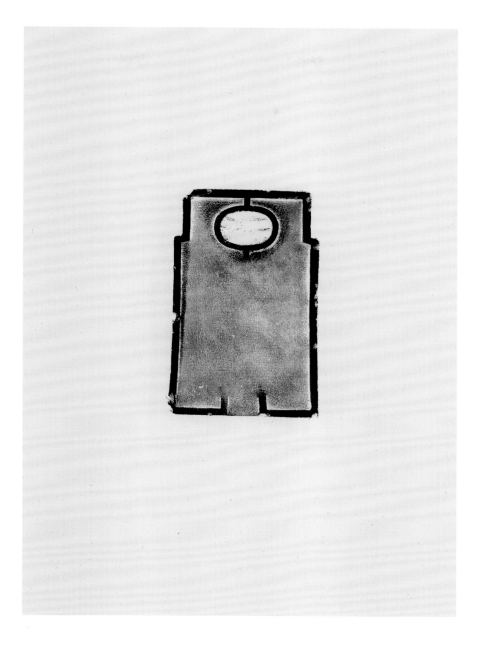

货布砚

左侧吴昌硕铭。砚长 11.2 厘米，宽 7.2 厘米，厚 0.8 厘米。

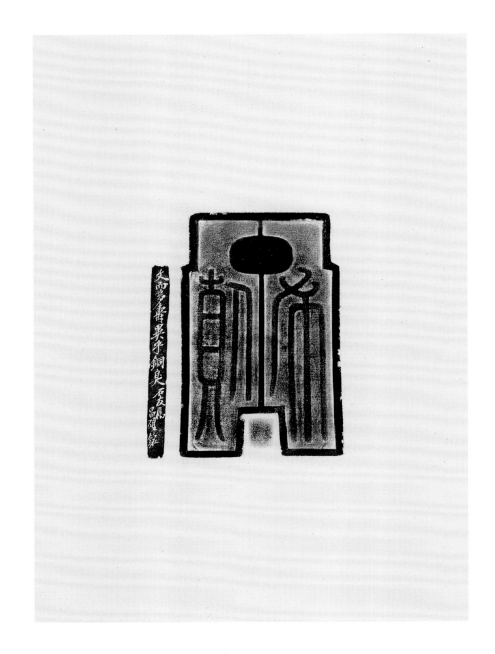

货布砚（背、侧）

【文】

货布。

文而多寿，异乎铜臭。石友属，昌硕铭。

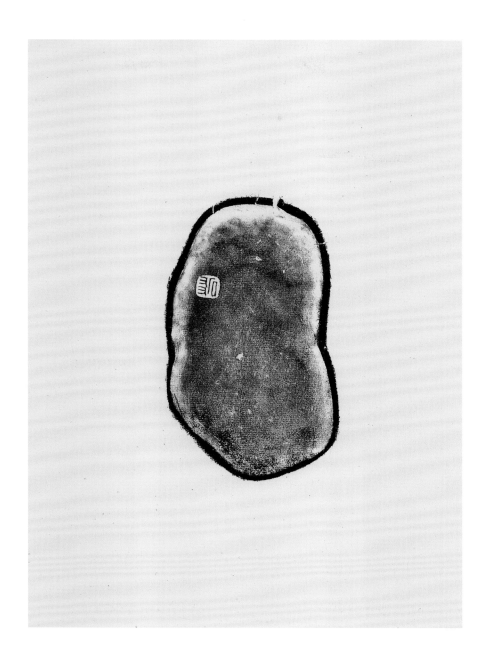

听泉画砚

砚背刻图及题字。砚长 11.7 厘米，宽 6.7 厘米。

【印】

石友。

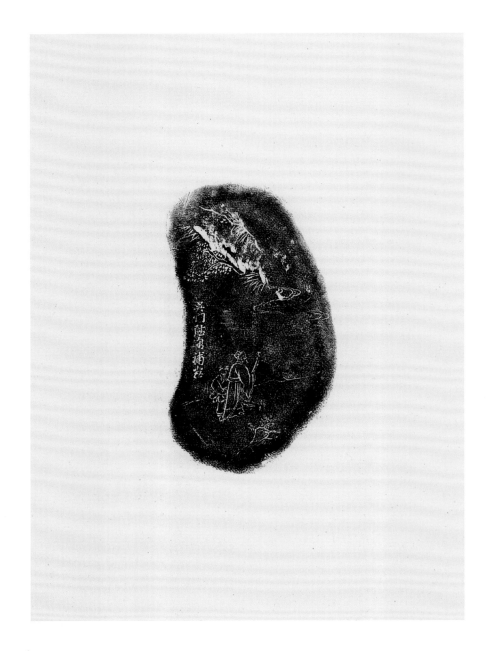

听泉画砚（背）

【文】

吴门听泉补画。

锄砚

背赵古泥刻，萧蜕书，沈汝瑾铭。右侧题字。砚长 13.5 厘米，宽 7.7 厘米，厚 2 厘米。

【文】

锄研。

锄砚（背）

【文】

为学犹树，根深则无惧。种之种之时易暮。石友铭，蜕画，泥刻。

【印】

沈汝瑾。

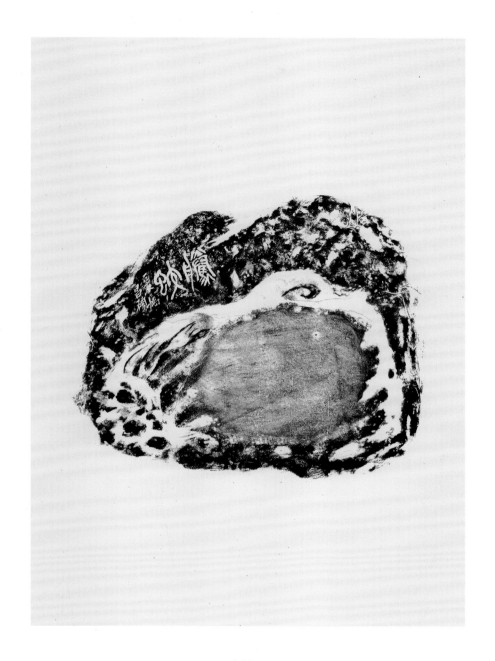

腾蛟砚

印面吴昌硕题字。背沈汝瑾铭。砚长 22 厘米，宽 19.2 厘米。

【文】

腾蛟。石友属，昌硕。

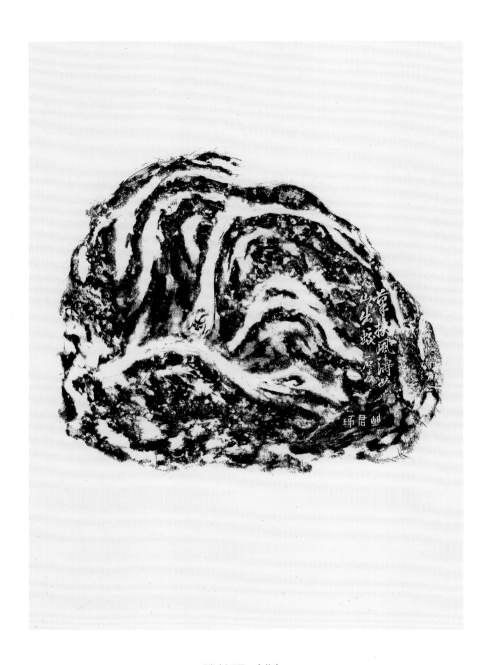

腾蛟砚（背）

【文】

笔挟风涛，如山出蛟。石友，岫君琢。

双鹅砚

砚背谭竹溪绘图，邵士贤刻记。右侧吴昌硕书，沈汝瑾诗。砚长10.8厘米，宽7.1厘米，厚0.9厘米。

【文】

自得右军爱，飞鸣翰墨场。研池春气暖，点笔写鸳鸯。石友题，老缶书。

双鹅砚（背）

【文】

　　双鹅砚。此谭竹溪先生所作，同治戊辰仲春，霞轩冯君得于停云馆。
海虞邵士贤刻。

支机砚

砚长 8 厘米，宽 10 厘米。

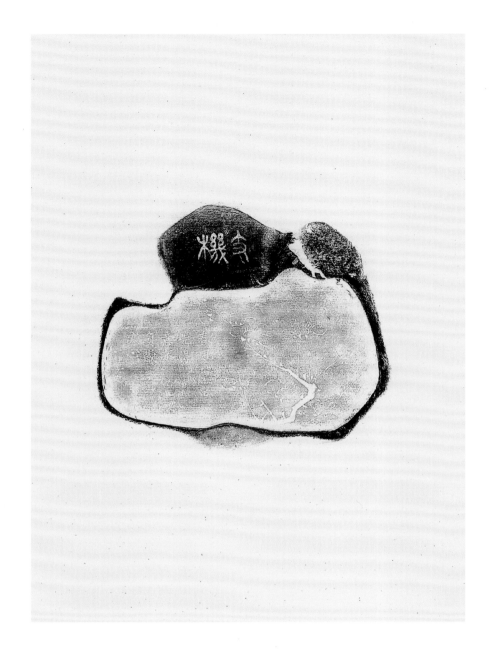

支机砚（背）

【文】

支机。

春风先得意，不负岁寒心。一桂女史制。

腾虹结霞砚

砚背赵石（古泥）刻，萧蜕书，沈汝瑾铭。砚长 13 厘米，宽 8.9
厘米。

腾虹结霞砚（背）

【文】

腾虹光结椴髓，玉带生可媲美，石友铭，蜕书，泥刻。

木瓜砚

砚背沈汝瑾（石友）铭。砚长 17.2 厘米，宽 12.5 厘米。

木瓜砚（背）

【文】

投我木瓜，墨香于酒。惜无琼琚，报三益友。石友。

【印】

沈。

玄圭砚

右侧年月。左侧吴昌硕铭。砚长 8.9 厘米，宽 5.7 厘米，厚 3.4 厘米。

【文】

永兴元年。

玄圭砚（背）

【文】

锡玄圭，封即墨。文永兴，世食德。石友属，昌硕铭。

【印】

缶。

花好月圆人寿砚

砚面圆。砚背赵石（古泥）刻，萧蜕书宋人词并记。

砚长 10.2 厘米，宽 8.7 厘米。

花好月圆人寿砚（背）

【文】

愿华（花）长好，月长圆，人长寿。石友先生藏砚，摘宋人词，宠之，蜕书，古泥刻。

牧牛砚

砚背吴昌硕铭。砚长 15.4 厘米，宽 10 厘米。

牧牛砚（背）

【文】

耕石田，岁有秋，弃而不耕，不如童之牧牛。石友属铭，昌硕。

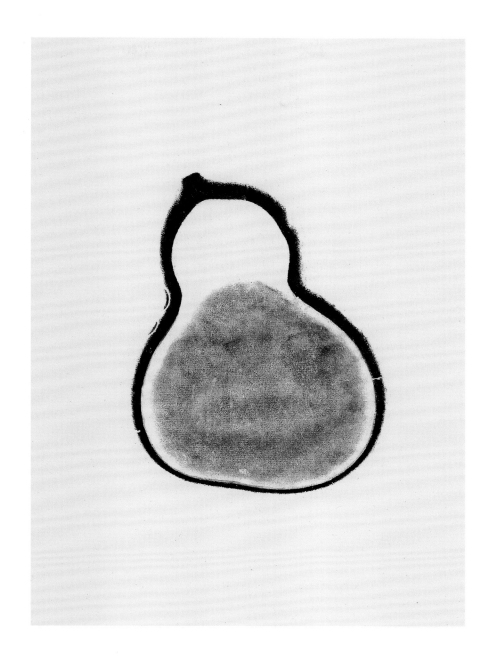

千金一壶铭砚

砚背吴昌硕铭。砚长 15.2 厘米，宽 11.5 厘米。

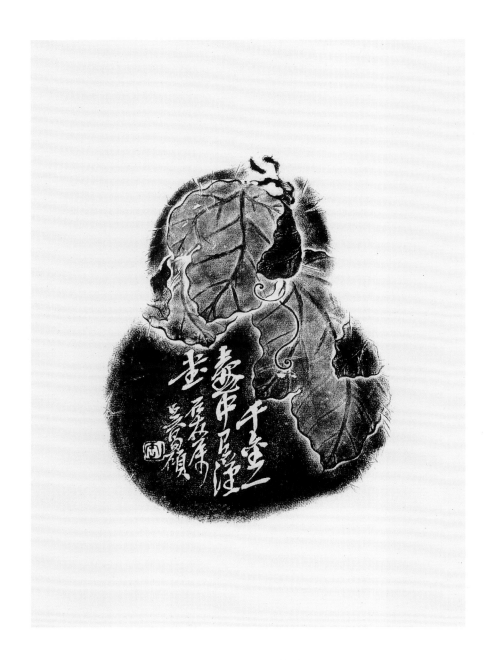

千金一壶铭砚（背）

【文】

千金一壶，中有汉书。石友属，吴昌硕。

【印】

缶。

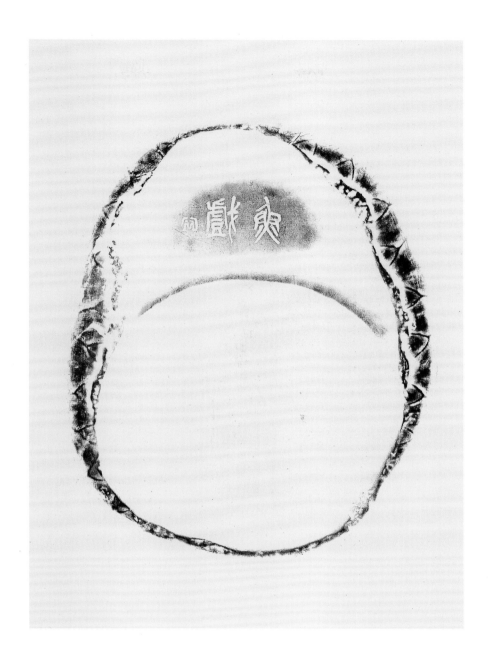

鱼戏砚

　　砚面吴昌硕题字。砚背吴氏书，沈汝瑾诗。砚长20.1厘米，宽16厘米。

【文】

鱼戏。

【印】

缶。

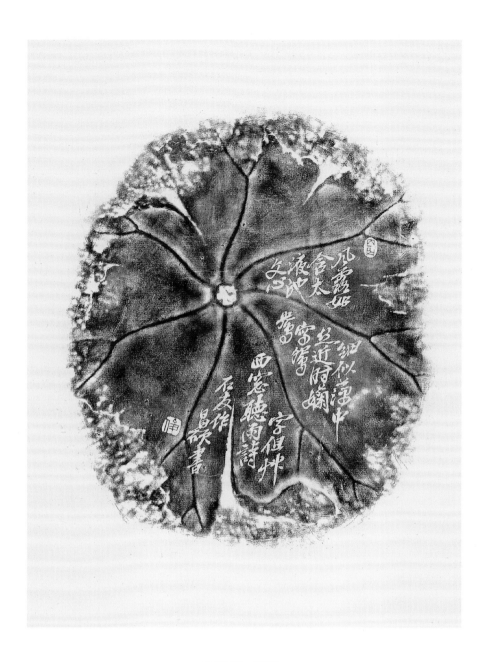

鱼戏砚（背）

【文】

风露如含太液池，文心细似藕中丝。近时娴写鸳鸯字，但草西窗听雨诗。石友作，昌硕书。

【印】

俊。

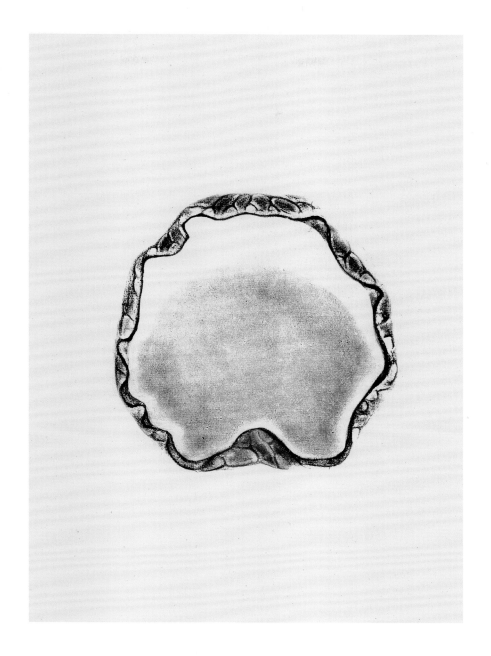

莲叶砚

砚背汪璟及吴昌硕铭。砚长 12 厘米，宽 11.5 厘米。

莲叶砚（背）

【文】

波澜老成，卷舒自得。璟。

叶田田，诗青莲。石友属，昌硕。

【印】

□。

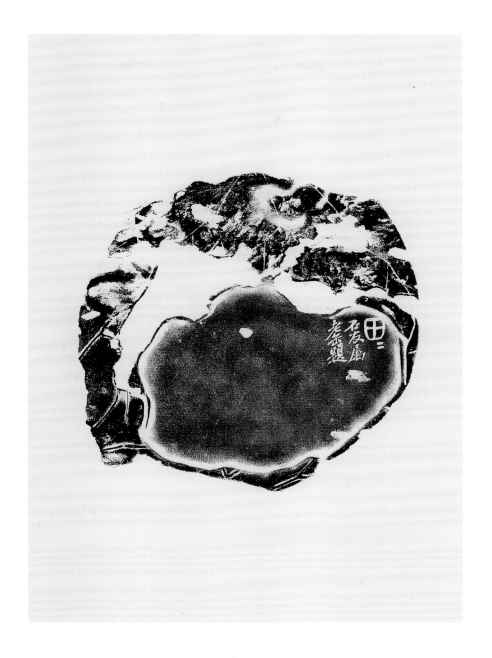

叶田砚

砚面吴昌硕题字。砚长 16 厘米，宽 18 厘米。

【文】

田田。石友属，老缶题。

叶田砚（背）

【文】

余得斯研久矣，因见其四面天然若莲叶状，故琢为莲叶研。丁卯春，足山烟伯见而爱之，因欲索去。命为之铭曰：君子本爱莲，故将莲叶琢研田，琢叶不琢莲，管城生，分外研，莫嫌薄研破与残，但愿有志磨将穿。研田原无税，子孙耕之有丰年。鹿原识。

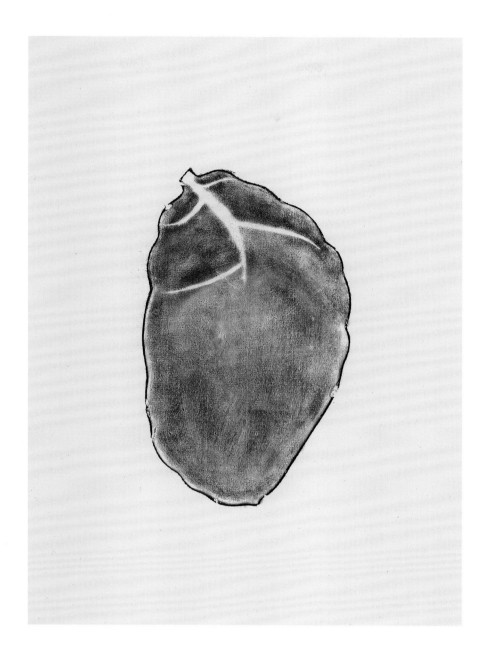

贝叶砚

砚背吴昌硕刻。砚长 16.5 厘米，宽 9.5 厘米。

贝叶砚（背）

【文】

贝叶。水观庵行者写经砚。缶。

樵石砚

砚背沈汝瑾铭，养浩书。砚长 15.1 厘米，宽 9.9 厘米。

樵石砚（背）

【文】

樵石。樵于石，笔如斧。去芜词，可复古。石友自铭，养浩书。

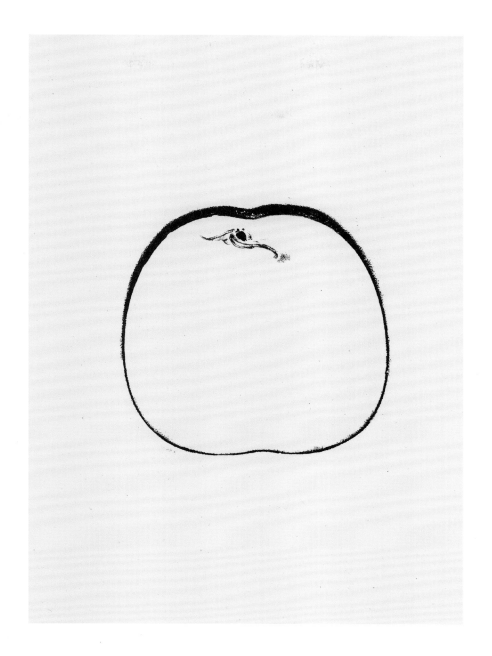

多福寿砚

砚背吴昌硕题字。砚长 11.5 厘米，宽 11 厘米。

多福寿砚（背）

【文】

意忠厚多福寿。石友正，缶。

修筠袍节铭砚

砚背刻竹。右侧仲吕制题铭，左侧刻"石友珍玩"印。砚长12厘米，宽6.7厘米，厚1.6厘米。

【文】

辛卯夏季，古吴仲吕制。

修筠袍节铭砚（背、侧）

【文】

修筠抱节。

【印】

石友珍玩。

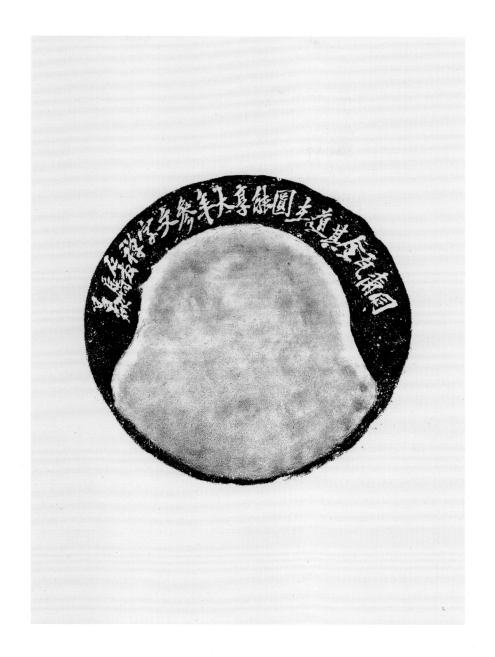

长生无极瓦当砚

砚面吴昌硕铭，砚背瓦当，砚径 16.7 厘米。

【文】

同尔瓦全，其道在圆。能享大年，参文字禅。石友属，昌硕。

长生无极瓦当砚（背）

【文】

长生无极（瓦当文）。

高安万世瓦当砚

砚面吴昌硕铭，砚背瓦当，砚径 15.6 厘米。

【文】

居高而安，道在瓦甓。元气浑沦，胜和氏璧。石友属，昌硕。

高安万世瓦当砚（背）

【文】

高安万世（瓦当文）。

丰字瓦当砚

砚面吴昌硕铭。砚径 16.3 厘米。

【文】

丰时无英雄，谁歌大风。石友属，缶铭。

丰字瓦当砚（背）

【文】

丰（瓦当文）。

长生无极瓦当砚

砚面民国三年（1914），沈汝瑾铭。砚背瓦当。砚径 16.5 厘米。

【文】

汉家土，留万古。赋两京，拟班固。甲寅，石友。

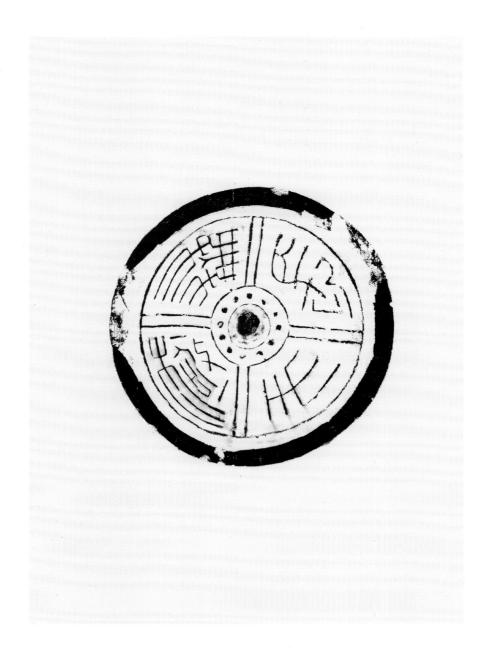

长生无极瓦当砚（背）

【文】

长生无极（瓦当文）。

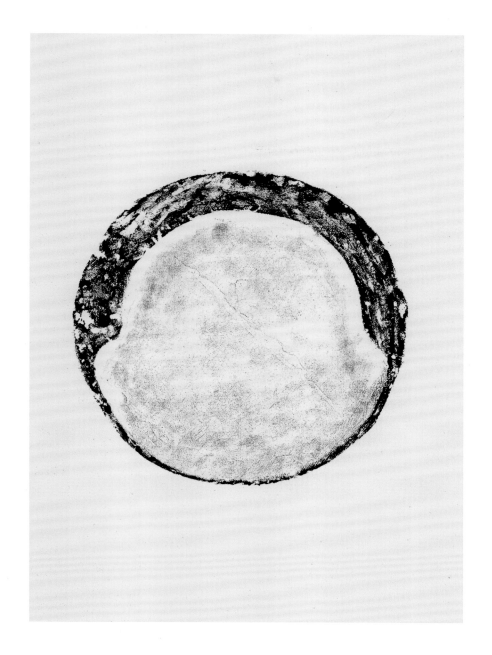

延年益寿瓦当砚

砚背瓦当。砚径 18.4 厘米。

延年益寿瓦当砚（背）

【文】

延年益寿（瓦当文）。

左莿瓦砚

砚背及右侧东汉建宁元年（168）二月一日文。砚长 15.4 厘米，
厚 3.8 厘米。

【印】

沈石友。

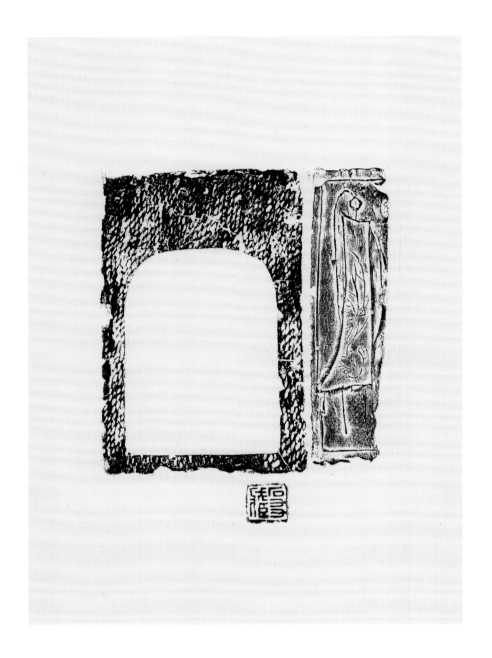

右剃瓦砚

　　砚背及左侧东汉建宁元年（168）正月文。砚长 15.5 厘米，宽 9.7
厘米，厚 4.1 厘米。

【印】

　　石友藏。

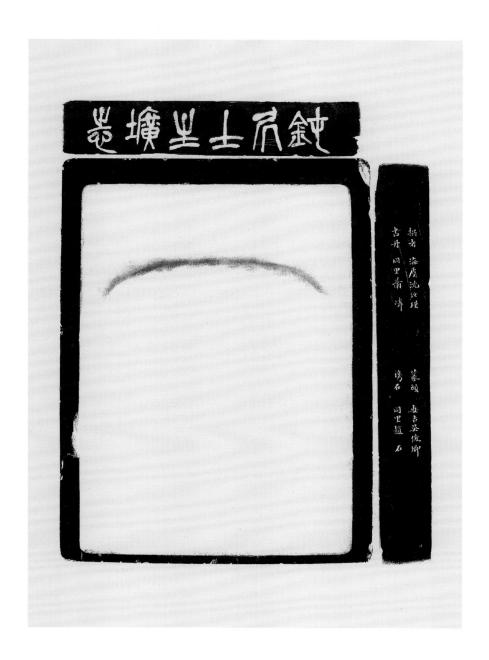

钝居士生圹志砚

砚背沈汝瑾撰文，萧嶙书，赵石刻。右侧题书撰人，左侧刻石年月，上侧篆书题额，下侧吴昌硕铭。砚长23.4厘米，宽17.1厘米，厚3厘米。

【文】

钝居士生圹志。

撰者，海虞沈汝瑾。篆额，安吉吴俊卿。书丹，同里萧嶙。镌石，同里赵石。

钝居士生圹志砚（背、侧）

【文】

落落大方，文字吉羊。磨而不磷寿俱长。石友属，俊卿。

钝居士生圹志。尚湖西南仪凤里。福寿桥右，桧柏苍郁，马鬣耸然，为先考妣之墓，左则室人姚氏张氏葬焉，余并营生圹。呜呼，余生三龄，即遭寇乱，年十二失母，卅六丧父。两娶而不偕老，间以幼丧，备尝不幸。资驽下，弱冠不知书，见嗤族鄹。遒发愤购古籍书夜读，久之稍稍解文义，益涉逮不已，至于今，老而无用。自幼至壮，不知世有机械事。率真以往，辄不利或翻受罔，人目为钝，因自号。初我母之葬地，师谓砂白而秀俊，当有不事王侯高尚其志者，历久无验，时未至耶。抑验之者乃钝耶，铭曰：生何益于时，首邱于兹。殉无金玉，殉以平生之诗，噫嘻。

光绪三十二年岁次丙午六月二十日上石。

【印】

缶、烟海。

钝居士生圹后志砚

背沈汝瑾撰文，吴昌硕书。右侧养浩铭。左侧民国五年（1916）秋沈汝瑾铭。砚长24.3厘米，宽15.7厘米，厚3.8厘米。

【文】

生圹作志，古人有例。数偶相生，石寿无既。石友属，养浩铭。

【印】

鸣坚白斋。

钝居士生圹后志砚（背）

【文】

钝居士生圹后志。海虞沈汝瑾撰，安吉吴昌硕书。丙午岁，钝自撰生圹志。嗣三年，更娶于瞿嫁两女。无何，武汉发难，身丁国变，性耽诗，有研癖，谓诗可言志，研以比德也。齿益迈，耆益笃，蓄研百余，诗倍之。偶遭横逆仍品研，赋诗不辍，年垂周甲，神观不衰，天将砥其志□耕于石田耶！乃铭曰：造化大冶阴阳炉，不祥之金跃而呼。人则尚智吾守愚，庶几完我清白躯。百千年后嗤腐儒。

欲补天，谁炼石。身未化，志再刻。日月蚀，石不泐。一寸心，共坚白。丙辰秋，石友自铭。

【印】

沈。

后　记

　　《砚谱卷》是《中华砚文化汇典》的重要组成部分。编辑出版本卷的主要意义在于传承中华砚台传统文化，让研究砚学的人和砚台收藏者从古砚谱中了解古砚、认识古砚，并从古砚的铭文中得到滋养，让从事制砚和拓印的艺人从中领略古籍中制砚和拓印的艺术神韵，将传统文化和制作技艺传承下去、发扬开来，让后人从中认识到砚文化的博大精深，把这一中华传统文化瑰宝继承好、传承好，让它历劫难而不衰，传万世而不休。以期达到对古籍的修缮目的，从而增加了《中华砚文化汇典》的历史价值。相信这些谱书的出版，一定会增加社会对古砚鉴赏的兴趣，提高全社会制作砚艺的水平及制拓技术，推动砚台收藏再上一个新台阶，也为教师学者及古砚研究院系和机构提供一份较为完整的古砚谱系资料，为中华传统文化的传承及中华砚艺的发扬光大做出力所能及的贡献。

　　在《砚谱卷》编辑过程中，我们本着如实并客观反映古典砚著的原则，均是按原本影印。但为了方便读者阅读及砚文化传播，就砚铭在参考吸收近年新出版的砚谱和社会对砚铭研究成果的基础上，进行了一些释文标注。编辑出版《砚谱卷》是一项系统复杂的过程，实际操作难度较大。我们按照编辑工作的总体要求，编辑工作组查阅大量古砚书籍，走访知名专家、学者，结合古砚、铭文、书法、古文字，以及现代砚谱研究的最新成果，都反复进行了校阅，力争在释文翻译过程中，既尊重原作的作品释义，又能让现代人在阅读理解上能深切感受原作的意境。尤其是本卷主要负责人火来胜同志，对每一谱文的释义都进行反复研究、查阅，在身体抱恙的情况下，仍按时完成了书籍的整理工作。在审核图片文字的工作中，著名砚台学者胡中泰、王文修都给予了大力帮助，提出很多重要的修改意见；曹隽平、欧忠荣、郑长恺、高山、刘照渊等书法、篆刻和文字专家积极帮助释文校对。同时，编辑组在校勘过程中认真吸收参考了王敏之编著的《纪晓岚遗物丛考》和上海书店出版社的《沈氏研林》等书籍。因古代的印刷技术有限，我们现在看到的谱书图片并不清楚，人民美术出版社在图片翻印过程中，也反复拍摄、扫描，做了大量技术工作，力求图片清晰、美观。在此对为出版《砚谱卷》系列书籍给予指导帮助的领导、专家和工作人员，一并表示感谢。

　　仅此也因编辑整理者水平所限，错误在所难免，敬请广大读者提出意见。

　　　　　　　　　　　　　　　　　　　　《砚谱卷》编辑组
　　　　　　　　　　　　　　　　　　　　2020 年 10 月

图书在版编目（CIP）数据

中华砚文化汇典. 砚谱卷. 沈氏砚林砚谱新编 / 中
华炎黄文化研究会砚文化工作委员会主编. -- 北京：人
民美术出版社, 2021.3
ISBN 978-7-102-08497-8

Ⅰ. ①中… Ⅱ. ①中… Ⅲ. ①砚－文化－中国 Ⅳ.
①TS951.28

中国版本图书馆CIP数据核字(2021)第034931号

中华砚文化汇典·砚谱卷·沈氏砚林砚谱新编
ZHONGHUA YAN WENHUA HUIDIAN · YANPU JUAN · SHENSHI YANLIN YANPU XIN BIAN

编辑出版　人民美术出版社
　　　　　（北京市朝阳区东三环南路甲3号　邮编：100022）
　　　　　http://www.renmei.com.cn
　　　　　发行部：（010）67517601
　　　　　网购部：（010）67517743
校　　勘　火来胜　胡中泰
责任编辑　邹依庆　范炜
装帧设计　翟英东
责任校对　魏平远
责任印制　夏　婧
制　　版　朝花制版中心
印　　刷　鑫艺佳利（天津）印刷有限公司
经　　销　全国新华书店

版　次：2021年4月　第1版
印　次：2021年4月　第1次印刷
开　本：889mm×1194mm　1/16
印　张：22.75
ISBN 978-7-102-08497-8
定　价：368.00元
如有印装质量问题影响阅读，请与我社联系调换。（010）67517602